FOLHA SECA

INTRODUÇÃO À FISIOLOGIA VEGETAL

Volume 2

Catalogação na Fonte
Elaborado por: Dayanne Leal Souza
Bibliotecária CRB 9/2162

M433f
2024

Matos, Fábio Santos
Folha seca: introdução à fisiologia vegetal – volume 2 / Fábio Santos Matos e Larissa Pacheco Borges. – 1. ed. – Curitiba: Appris, 2024.
200 p. : il. ; 23 cm. (Geral).

Inclui referências.
ISBN 978-65-250-6253-2

1. Desenvolvimento vegetal. 2. Crescimento. 3. Ecofisiologia vegetal. I. Matos, Fábio Santos. II. Borges, Larissa Pacheco. III. Título. IV. Série.

CDD – 577

Livro de acordo com a normalização técnica da ABNT

Appris editora

Editora e Livraria Appris Ltda.
Av. Manoel Ribas, 2265 – Mercês
Curitiba/PR – CEP: 80810-002
Tel. (41) 3156 - 4731
www.editoraappris.com.br

Printed in Brazil
Impresso no Brasil

Fábio Santos Matos
Larissa Pacheco Borges

FOLHA SECA

INTRODUÇÃO À FISIOLOGIA VEGETAL

Volume 2

Appris editora

Curitiba, PR
2024

FICHA TÉCNICA

Aos estudantes da UEG Ipameri por toda a confiança depositada.

AGRADECIMENTOS

O primeiro agradecimento é direcionado a Deus pelo amor, carinho, cuidado e proteção em todos os momentos. Independentemente do lugar, Deus sempre se fez presente na superação dos obstáculos e obtenção das conquistas. Deus é bom, Deus é fiel. Em seguida, dirijo os agradecimentos a minha querida esposa, Gal, e meus filhos Ellis, Carol, Pedro e Daniel. Agradeço ao grupo de pesquisa em Fisiologia da Produção Vegetal, à coautora Larissa Pacheco Borges, que dedicou tempo a este trabalho, e aos estudantes da UEG Ipameri, que são alvos da criação. Também aos amigos irmãos na fé: bispo Júnior Duarte, pastoras Aline e Divina Sandoval, evangelistas Alluysio e Dalila e missionário Guilherme.

Fábio Santos Matos

Não fui eu que ordenei a você? Seja forte e corajoso! Não se apavore nem desanime, pois o Senhor, o seu Deus, estará contigo por onde você andar.

(Josué 1.9 / ARA)

APRESENTAÇÃO

O real motivo de criação desta obra é oferecer aos acadêmicos um material didático de compreensão prática a partir da conexão entre o conhecimento teórico e os resultados de pesquisas científicas. Essa junção torna a leitura fluida e o aprendizado prazeroso, num nível de profundidade exigido pela realidade de campo.

Este livro tem como meta fornecer conhecimento básico e aplicado para compreensão dos princípios fisiológicos que norteiam a produção vegetal. Os conceitos são imersos em realidade cotidiana com exemplos do dia a dia, de forma a inserir o leitor num contexto real de vivência diária.

O livro está organizado em oito capítulos devidamente segmentados de forma ascendente na obtenção do conhecimento contínuo e fluido. Os principais processos fisiológicos estão organizados em níveis crescentes de complexidade para a completude do entendimento necessário ao desenvolvimento de senso crítico para tomada de decisão em ações na área de Ciências Agrárias. A organização e a escrita deste livro fogem ao padrão encontrado nos tradicionais livros de Fisiologia Vegetal pela facilidade de compreensão, pela escrita próxima ao entendimento em sala de aula e pela imersão prática em que o estudante é inserido.

O idealizador da obra, doutor Fábio Santos Matos, é professor da Universidade Estadual de Goiás (UEG) e supervisor de pós-doutorado da coautora Larissa Pacheco Borges. O professor é cidadão ipamerino desde 2019, natural de Itapé, localizada na região sul da Bahia, criado no Km-100, região Serrana de Brejões, Bahia. É engenheiro agrônomo formado pela Universidade Federal da Bahia (UFBA), onde foi bolsista de iniciação científica em Fisiologia Vegetal durante toda a graduação. Na Universidade Federal de Viçosa (UFV), concluiu o mestrado em Fisiologia Vegetal e o doutorado com pesquisa em Fisiologia da Produção.

Os autores

SUMÁRIO

CAPÍTULO I

IMPORTÂNCIA DA PAREDE CELULAR NAS RELAÇÕES HÍDRICAS

A parede celular exerce importante participação no crescimento vegetal em função da estreita relação fisiológica com diversos eventos no metabolismo da planta. A estreita relação entre as funções da parece celular com a turgidez e proteção vegetal coloca esse fino envoltório celulósico como importante coadjuvante do desenvolvimento vegetal. A presença de substâncias de importância estrutural, bioquímica e molecular demonstra o dinamismo da parece celular e contrapõe a ideia de estrutura inerte sem atividade metabólica. A proteção aliada à atividade metabólica, e também à elasticidade, torna a parede celular uma importante estrutura relacionada com a proteção vegetal e as relações hídricas. Este capítulo tem como foco principal o estudo e a compreensão da importância da parede celular para o vegetal e sua relação com a água na planta, com enfoque no crescimento. Dessa forma, o conteúdo se desenvolve em torno das funções da parede celular e finaliza com a conexão entre parece celular e relações hídricas. A água é o mais abundante e limitante fator de desenvolvimento vegetal e a sazonalidade na distribuição da água torna esse recurso restritivo ao crescimento vegetal. Neste sentido, a parede celular exerce importante papel nas relações hídricas pela capacidade de controlar o volume celular e exercer ação determinante no armazenamento de água.

Parede celular

A parede celular possui importante papel biológico pela participação em inúmeros processos fisiológicos indispensáveis para o funcionamento vegetal. Esta estrutura refere-se a um fino envoltório celulósico que envolve e protege o protoplasto, conferindo forma e resistência às células vegetais. Um grande número de compostos da parede celular, tipo celulose e hemicelulose, é oriundo de ligações envolvendo glicose derivada da fotossíntese e, portanto, a produção de novas estruturas durante o crescimento é dependente desse importante processo fisiológico de produção de assimilados.

Os principais constituintes da parede celular são: celulose, hemicelulose e pectinas. A celulose é formada por polímeros de glicose interligadas na posição beta (1-4). Durante a formação da celulose, ocorre exclusão da água, de forma a resultar em uma molécula compacta e desidratada de difícil ação enzimática e altamente resistente. As hemiceluloses também são formadas por moléculas de glicose interligadas na posição beta (1-4), no entanto as hemiceluloses têm ramificações e a função de interagir fortemente com as microfibrilas de celulose, servindo para ligação dessas microfibrilas com os demais componentes da parede celular. Dentre as principais hemiceluloses destacam-se os xiloglucanos, mananos, glucuronoarabinoxilanos e outras.

As pectinas constituem uma fase de gel hidratada que atua como material de preenchimento que evita a agregação e o colapso dos demais componentes. As principais pectinas são: homogalacturonanos e ramnogalacturonanos. O cálcio e magnésio podem estar complexados junto à parede celular exercendo importante função de sustentação aos tecidos vegetais pela manutenção da célula vegetal justaposta. O boro também pode estar complexado em um tipo de pectina denominada ramnogalacturonona II. Algumas das funções da parede celular são destacadas a seguir.

Importância e funções

Resistência mecânica

A parede celular é constituída de substâncias químicas (celulose, hemicelulose, pectinas e ligninas) que conferem rigidez e tornam o tecido vegetal mecanicamente resistente e, até certo ponto, determinam a forma e o tamanho das células e permitem que as plantas cresçam até grandes dimensões. Dado que os vegetais não possuem esqueleto ósseo como os animais, a parede celular, graças a essa resistência mecânica, dá sustentação aos tecidos vegetais.

Controle do crescimento celular

Como um rígido revestimento envolvendo a célula, a parede atua como um "exoesqueleto" que controla a forma celular e possibilita o desenvolvimento de altas pressões de turgidez. A parede celular, embora considerada estritamente inerte no passado, apresenta razoável atividade metabólica que influencia as respostas da própria parede e da planta inteira. Assim, não apenas contra reage fisicamente ao potencial de pressão hidrostática intracelular (Ψ_p) desenvolvido pelo influxo de água para as células, mas também possui enzimas que agem relaxando as ligações e permitindo a deposição de componentes moleculares da parede celular que resultam no crescimento (Taiz *et al.*, 2017). Dessa forma, acredita-se que o relaxamento da parede celular ocorre no período noturno, enquanto a deposição de novos componentes ocorre durante o dia, uma vez que são derivados da fotossíntese que ocorre no período diurno.

Dessa forma, quando a pressão de turgor excede a pressão mínima para crescimento, a parede se expande, resultando em aumento permanente nos volumes e crescimento das células. Após desenvolvimento da parede secundária e a deposição de lignina, em função da rigidez desse polímero, cessa o crescimento celular.

Barreira mecânica à penetração de certos micro-organismos patogênicos

Em função da rigidez, a parede celular constitui importante barreira mecânica à penetração de certos micro-organismos. As paredes celulares epidérmicas das plantas superiores estão sempre submetidas ao ataque de micro-organismos patogênicos, como vírus, bactérias e fungos. A parede celular intacta forma uma barreira física efetiva. Os poros da parede celular são muito pequenos para permitir a entrada até mesmo dos minúsculos micro-organismos. A cutícula, a lignina e a cutina na parede celular da epiderme proporcionam uma barreira efetiva contra fungos.

Proteção vegetal

A parede celular intacta também possui mecanismos de defesa ativos, formando uma barreira eficaz em torno do ponto de infecção parasitária pela deposição de lignina e, por vezes, suberina, selando assim o caminho de penetração do patógeno. O patógeno penetra no hospedeiro por dissolução enzimática de parte da parede celular ou por meio da abertura de estômatos ou entrada oportunista por quebras ou feridas na parede. Assim, uma parede celular possui mecanismos de defesa passivos e ativos contra os ataques de micro-organismos.

O peróxido de hidrogênio (H_2O_2) na presença de ferro (Fe) pode formar radical hidroxila e participar de interligações com hidroxiprolinas e glicoproteínas tornando as paredes celulares mais resistentes à degradação enzimática e à penetração de patógenos. Os compostos fenólicos podem inibir a ação de metabólitos dos patógenos e/ou dificultar a penetração. A lignificação dificulta a penetração do patógeno, pois a degradação da parede celular lignificada requer enzimas específicas. O silício presente na planta incrementa a produção de compostos fenólicos, como lignina, e interage com celulose e hemicelulose da parede celular, tornando-a mais resistente à degradação.

Regulação de certas funções celulares

As enzimas da parede celular podem hidrolisar e liberar fragmentos de polissacarídeos, como as oligossacarinas. Essas oligossacarinas parecem possuir atividade regulatória podendo controlar importantes funções do vegetal, como: crescimento celular, florescimento, enraizamento ou ativação de mecanismos de resistência a patógenos.

Controle do transporte intercelular

O transporte de substâncias entre células vegetais envolve a parede celular e ocorre de duas maneiras: transporte apoplástico e simplástico. No transporte apoplástico, o movimento de substâncias entre células vizinhas ocorre a partir da matriz da parede celular e da membrana plasmática, enquanto no transporte simplástico o movimento ocorre via plasmodesmos presentes entre as células.

No transporte apoplástico, o tamanho da substância é muito significativo. As microfibrilas e o polímero da matriz da estrutura da parede celular formam uma estrutura semelhante à peneira, que inibe a entrada de grandes moléculas e micro-organismos. As moléculas menores, íons, pequenas proteínas e polissacarídeos se movem por meio dos canais aquosos presentes na matriz. A cutícula presente na epiderme, a faixa caspariana de endoderme e as paredes lignificadas resistem ao movimento apoplástico.

Estrutura da célula

Em uma célula vegetal madura, a parede celular é constituída de três camadas distintas. A parede primária, a primeira parte a se formar durante o processo de desenvolvimento celular, deve ser ao mesmo tempo mecanicamente estável e suficientemente flexível para permitir a expansão das células, evitando a ruptura. É constituída principalmente de celulose, hemicelulose e substâncias pécticas conforme demonstrado na Tabela 1.

Durante o desenvolvimento celular, nova e espessa camada é depositada. Trata-se da parede secundária. Essa camada difere tipicamente da parede primária na sua composição química, contendo maior percentual de celulose e apresentando as microfibras de modo extremamente organizado, o que lhe confere mais força e rigidez, conforme demonstrado na Figura 1. Muitas vezes elas são impregnadas com um polímero chamado lignina, o que as torna ainda mais rígidas, conferindo ao tecido vegetal resistência mecânica. Entre as células existe um material amorfo constituído de substâncias pécticas, provavelmente combinadas com cálcio e que têm a função de manter as células coesas ou cimentadas no tecido vegetal. Essa camada é conhecida como lamela média.

Tabela 1 – Características comparativas entre parede primária e secundária

CARACTERÍSTICA	PAREDE PRIMÁRIA	PAREDE SECUNDÁRIA
Extensibilidade	Elevada	Baixa
Organização microfibrilar	Pequena	Elevada
Conteúdo de celulose	Baixo	Alto
Conteúdo de hemicelulose	Alto	Baixo

Fonte: os autores

Figura 1 – Ilustração da parede celular primária e secundária

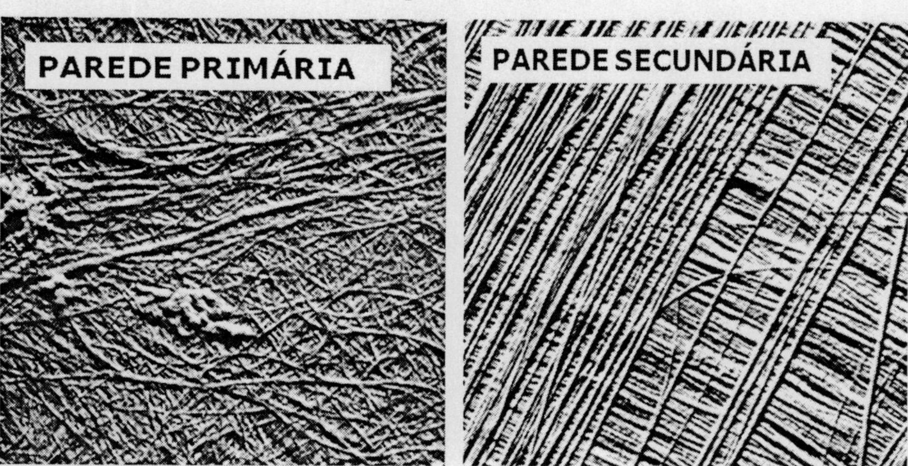

Fonte: Cambraia (2009)

A parede celular geralmente é penetrada por canais estreitos revestidos de membranas, denominados plasmodesmas, que conectam células vizinhas. Os plasmodesmas funcionam na comunicação entre as células de forma que permitem o transporte passivo de moléculas pequenas e o transporte ativo de ácidos nucleicos e proteínas entre citoplasmas de células adjacentes. Além de celulose, hemicelulose e pectina, a parede celular é composta de proteínas e compostos fenólicos que têm a função de proteção. Além da parede celular, as células contêm outras estruturas que a constituem:

a. **plasmalema** – membrana celular que restringe o fluxo de solutos, especialmente os de natureza mineral;
b. **protoplasto** – célula vegetal sem a parede celular;
c. **simplasto** – protoplastos interconectados por plasmodesmos;
d. **plasmodesmos** – canais que interconectam protoplastos de células adjacentes;
e. **apoplasto** – espaço formado por paredes celulares e espaços intercelulares.

Segundo Carpita e Gibeaut (1993), as paredes celulares podem ser de dois tipos com base na composição. As paredes do tipo I são comuns nas dicotiledôneas e algumas monocotiledôneas, têm como principal hemicelulose o xiloglucano e o percentual de pectinas está em torno de 30% do percentual de polímeros; as paredes do tipo II estão presentes em monocotiledôneas, tem como principal hemicelulose o glucuronoarabinoxilano e o percentual de pectinas é inferior a 30%. Em adição, as gramíneas têm ainda na composição de parede os compostos fenólicos.

Elasticidade da parede celular

A elasticidade da parede celular tem importantes implicações fisiológicas no crescimento e desenvolvimento vegetal pela interferência direta nas relações hídricas, de forma a interferir no armazenamento de água e potencial de absorção. As diferentes espécies apresentam parede celular com variados graus de elasticidade, de forma que as plantas podem ter paredes celulares elásticas e rígidas (ou menos elásticas). O módulo de elasticidade é a relação entre as variações no potencial de pressão e volume celular conforme equação a seguir:

$$\varepsilon = \frac{\Delta\Psi_P}{\Delta V}$$

Sendo: ε = módulo de elasticidade, $\Delta\Psi_p$ = variação no potencial de pressão e ΔV= variação no volume celular.

As paredes com maior módulo de elasticidade são menos elásticas, pois um pequeno ganho de água acarreta grande variação do potencial de pressão e consequente aumento do módulo de elasticidade. Quanto menor o módulo de elasticidade, mais elástica será a parede celular, pois o aumento de volume não causa grande aumento de pressão e, consequentemente, o módulo de elasticidade é baixo.

Numa célula elástica, quando o protoplasto perde água, este diminui o volume e a parede acompanha essa redução do volume mais prolongadamente que uma parede celular menos elástica, pois as paredes elásticas apresentam razoável flexibilidade e seguem, dentro de certos limites, as variações do volume do protoplasto. Sendo assim, em paredes celulares rígidas (ou menos elásticas), a perda de água, quando acarreta pequena redução do volume do protoplasto, resulta em grandes perdas de pressão, pois por ser rígida a flexibilidade é limitada para acompanhar a involução do protoplasto.

A célula com parede celular rígida apresenta significativo grau de resistência de forma que não acompanha as variações de volume no protoplasto. Dessa forma, pequenas variações na turgescência do protoplasto acarretam mudanças significativas no potencial de pressão nesse tipo de célula. O módulo de elasticidade exerce significativo efeito no potencial hídrico, pois, quanto maior o ε, mais rígida é a parede celular e muito rapidamente o potencial hídrico da célula decresce quando ocorre redução da disponibilidade de água, ou seja, pequena perda de água provoca grandes reduções do potencial hídrico. Isso é importante porque forma facilmente um gradiente de potencial hídrico entre a planta e o solo, gradiente este suficiente para extração de solução do solo.

As plantas de ambiente semiárido, como cactáceas, necessitam armazenar grande volume de água, pois o período úmido é curto, enquanto o tempo seco perdura por meses ou anos. Dessa forma, esse tipo de vegetal possui paredes celulares elásticas capazes de permitir elevadas distensões e armazenar maiores volumes de água.

A deficiência hídrica resulta na redução do crescimento, mas esse decréscimo ocorre de forma diferenciada nas paredes celulares rígida e elástica. Sob déficit hídrico, a parede celular rígida reduz o crescimento mais precocemente, pois nesse tipo de célula, quando o protoplasto perde água, a parede celular rígida apresenta pouco estiramento ou flexibilidade e tende a não acompanhar a involução do protoplasto; com isso, a condição indispensável para o crescimento é perdida: contato e pressão entre protoplasto e parede celular. Na parede celular elástica, quando o protoplasto perde água e reduz o volume, a parede, por possuir razoável elasticidade, acompanha a involução e algum crescimento ainda ocorre.

Em célula rígida, quando o protoplasto perde água, a contração da parede celular é muito pequena, de forma que uma reduzida perda de água leva a uma grande redução do potencial hídrico da célula. A planta perde pouca água e gera um gradiente de potencial hídrico suficiente para iniciar a absorção de água no solo se a umidade no solo existir, no entanto as células com parede celular rígida armazenam menor volume de água.

As plantas com parede celular rígida têm elevada sensibilidade estomática, ou seja, sob déficit hídrico, rapidamente reduzem abertura estomática, minimizam as perdas de água e, mesmo quando perdem pouca água, rapidamente estabelecem um gradiente de potencial hídrico suficiente para retirar água do solo por meio da absorção. Esse mecanismo é eficiente se houver água disponível no solo a ponto de ser absorvida com a regulação do potencial hídrico da planta. As plantas com parede celular elástica armazenam mais água e, portanto, têm um quantitativo maior do solvente no interior da célula para manter-se hidratada durante determinado período sob estresse hídrico.

Durante as variações ambientais que alteram os fatores determinantes do crescimento vegetal, ocorre variação da composição da parede celular, além disso, sob déficit hídrico pode ocorrer alteração na elasticidade da parede celular, de modo a beneficiar a planta no restabelecimento da absorção de água e nutrientes. Sendo assim, a parede celular pode apresentar um ajustamento elástico, de forma a tornar-se mais rígida no processo de deficiência hídrica. Essa alteração tem enorme implicação na fisiologia vegetal durante o processo de estresse e pode representar a válvula de escape para sobreviver sob escassez de água, pois a parede celular menos elástica (ou mais rígida) apresenta grandes variações de pressão para pequenas variações de volume. Dessa forma, para um mesmo potencial osmótico, reduções no potencial de pressão resultarão em decréscimos significativos do potencial hídrico, decréscimos estes que são suficientes para estabelecimento de gradiente de potencial hídrico entre planta e solo necessário para extração de água e reidratação da planta.

A elasticidade da parede celular tem importante implicação no crescimento, pois a expansão celular é dependente da ocorrência de pressão entre protoplasto e parede celular e, numa condição de deficiência hídrica, o protoplasto perdendo água resultará em menor pressão na parede celular. No entanto, caso a parede celular tenha elevada elasticidade, quando o protoplasto reduz o volume, a parede acompanha, mesmo que parcialmente, essa involução; na parede celular rígida, há maior limitação de acompanhamento do protoplasto durante a redução do volume ocasionado pela desidratação. Sendo assim, sob déficit hídrico, a pressão entre protoplasto e parede necessária para expansão decresce mais rapidamente na parede celular rígida, por isso a expansão celular é limitada primeiramente em plantas com parede celular rígida e mais tardiamente em plantas com paredes celulares elásticas.

Exercícios de fixação

1. Defina parede celular.
2. Diferencie parede celular primária e secundária.
3. Cite quatro funções da parede celular.
4. Relacione a elasticidade da parede celular com o crescimento em plantas sob déficit hídrico.
5. Relacione o silício com a proteção vegetal em nível de parede celular.
6. Como a falta de água influencia a expansão celular?
7. Relacione a presença de ramnogalacturonona II na parede celular com a disponibilidade de boro para a planta.
8. Por qual motivo em uma mesma planta é possível encontrar folhas de diferentes tamanhos?
9. Por quais motivos encontramos folhas de maior tamanho em biomas como a Mata Atlântica e Floresta Amazônica, e na Caatinga e Cerrado observamos plantas com folhas menores?
10. Qual a importância da lignina na parede celular?

Referências

CAMBRAIA, J. *Metabolismo Mineral de Plantas*. Viçosa, 2009. (Apostila).

CARPITA, N. C.; GIBEAUT, D.M. Structural models of primary cell walls in flowering plants: consistency of molecular structure with the physical properties of the walls during drowth. *Plant Journal*, [*s. l.*], v. 3, p. 1-30, 1993.

TAIZ, L. *et al. Fisiologia Vegetal*. 6. ed. Porto Alegre: Artmed, 2017.

CAPÍTULO II

RELAÇÕES HÍDRICAS

A água é o mais importante solvente do nosso planeta. Os vegetais são constituídos por variados percentuais de água em suas estruturas de raiz, caule, folhas, flores, frutos, grãos de pólen e sementes. Ao longo da evolução, as plantas desenvolveram estruturas capazes de absorver, transportar e conservar água nos tecidos vegetais para manutenção do crescimento e da reprodução. O melhoramento genético oriundo da seleção natural permitiu a sobrevivência de algumas espécies em condições ambientais extremas de escassez de água. A sazonalidade e intensidade das precipitações torna a água o mais limitante fator da produtividade agrícola pela essencialidade em uma gama de eventos fisiológicos. A variada disponibilidade de água em diferentes ambientes é determinante no zoneamento agrícola em função desse fator ser definidor da distribuição da vegetação na superfície terrestre. Este capítulo tem como foco principal o estudo e a compreensão da importância da água no sistema solo–planta–atmosfera, com enfoque amplo que parte da germinação, trilha pelo crescimento e desenvolvimento e alcança o ponto de maior discussão na produtividade agrícola.

Importância e funções da água

A disponibilidade de água é o mais importante fator da produção vegetal. Sem ela, não conheceríamos a vida da forma que a conhecemos, pois esse solvente, além de essencial, é o meio ideal para as diversas reações bioquímicas. Ao longo dos anos, as plantas evoluíram no sentido de sobreviver em ambiente terrestre inerentemente seco e para tal tiveram que desenvolver estômatos para conservar água, raízes e caules para absorver e transportar essa água.

A água possui formidável importância ecológica, pois é determinante da distribuição da vegetação na superfície terrestre. Nas regiões de elevadas precipitações, bem distribuídas, destacam-se matas e florestas. Em regiões de pouca chuva, aparecem os campos e as savanas, e em regiões de chuvas escassas, surgem desertos ou vegetação efêmera. A importância da água é relatada desde os primórdios da agricultura, quando o homem se fixou às margens de rios para cultivar as plantas para subsistência. Nessa ótica, a água teve importância na passagem da vida nômade para a sedentária por volta do período Neolítico, pois foi com aproveitamento da umidade às margens dos rios que o homem passou a dominar as técnicas de produção vegetal.

A Bíblia é um dos mais antigos livros que relatam a importância da água para as plantas, seja de forma metaforizada ou histórica. Em Jeremias 17:7-8, a metáfora abarcando o homem e a árvore deixa evidente a importância da água para a manutenção da planta e produção dos frutos:

> Mas bendito é o homem cuja confiança está no Senhor, cuja confiança nele está. Ele será como uma árvore plantada junto às águas e que estende as suas raízes para o ribeiro. Ela não temerá quando chegar o calor, porque as suas folhas estão sempre verdes; não ficará receia no ano da seca nem deixará de dar fruto (Jr. 7-8/ARA).

Para uma árvore dar frutos depende de água e, quando plantada próxima a um ribeiro, estende suas raízes e alcança a umidade de forma a permanecer verde e produtiva, mesmo em período de seca.

Dos diversos fatores que determinam a produtividade agrícola, a água é o mais abundante e também o mais limitante. Se analisarmos em uma escala global a produtividade das culturas em ecossistemas naturais, nota-se que essa produtividade é muito mais influenciada pelo fator água do que pela soma de todos os demais fatores bióticos e abióticos. Dessa forma, é coerente afirmar que a água é o fator determinante da produtividade agrícola. Ainda na Bíblia, no livro da criação (Gênesis 41) é possível identificar a importância da água para a agricultura quando José do Egito, durante sete anos de chuvas, colhe e armazena parte da colheita para sobrevivência nos sete anos de seca que viriam em seguida.

A razão de a água ser um recurso limitante às plantas, mas raramente aos animais, é que as plantas utilizam a água em grandes quantidades e as enormes perdas pelos estômatos é consequência direta da absorção por difusão do CO_2 para a fotossíntese. A maior parte da água absorvida pelas raízes (cerca de 97%) é evaporada das superfícies foliares pelo processo denominado de transpiração. Apenas uma pequena parte da água absorvida pelas raízes (em torno de 2%) permanece na planta para suprir o crescimento, ser utilizada na fotossíntese e em outros processos metabólicos (cerca de

1%). O percentual de água em tecidos não lenhosos gira em torno de 95%, enquanto em tecidos lenhosos fica em torno de 50 a 70%. O teor de água em uma semente é cerca de 8 a 14%.

Ao analisarmos a fórmula da água, notamos que a molécula deveria ser um gás a temperatura ambiente, no entanto, em função da elevada força intermolecular oriunda das pontes de hidrogênio, a água é líquida na temperatura ambiente, pois suas propriedades físicas são determinadas grandemente por sua estrutura. A água pode ser representada por "$(H_2O)_n$", em que "n" significa um número variado de moléculas que estão formando um agregado molecular, e esse agregado existe em função das pontes de hidrogênio, que têm uma vida média muito curta.

O butano é líquido no botijão pela alta pressão, mas se abrir o registro irá escapar na forma gasosa, ou seja, uma substância com quatro carbonos e 10 hidrogênios e peso molar igual a 58 é gasosa na temperatura ambiente. O pentano é o primeiro composto que passa a se ajustar à forma líquida nas condições normais de temperatura e pressão, pois à medida que aumenta o peso molecular de uma substância, esta tende a passar de uma fase gasosa para uma fase líquida. A água possui massa de 18 daltons: 16 + 2 = 18. Em função do baixo peso molecular, a água deveria estar no estado gasoso, no entanto, em detrimento das pontes de hidrogênio e propriedades físicas, a água está no estado líquido pela elevada força intermolecular que liga uma molécula de água a outra e apresenta, assim, propriedades atípicas.

A água é indispensável em alguns processos fisiológicos na planta, entre esses se destacam a germinação, o crescimento, a sustentação mecânica, o solvente universal, o reagente na fotossíntese e a regulação térmica.

Germinação

A absorção de água durante o processo de germinação denominado embebição é necessária para ativação do metabolismo da semente no reparo e síntese de mitocôndrias, respiração e mobilização de reservas, além de ser meio ideal para a ação enzimática durante a hidrólise de substâncias como o amido. Nesse processo, a água é o meio para *ação das enzimas fosforilase* do amido e *amilase*, que hidrolisam o amido à glicose que é utilizada no processo de respiração. A germinação da semente geralmente apresenta uma curva trifásica caracterizada por intensa absorção de água na fase I seguida de estabilização na fase II e retomada a absorção na fase III.

Crescimento

A água tem importante relação com o crescimento pela interferência na expansão e divisão celular. O crescimento ocorre em função de dois processos: divisão e expansão. A divisão celular se refere ao aumento do número de células e a água tem significativo papel metabólico. A expansão é o aumento em volume e a água exerce indispensável função.

A célula vegetal cresce enquanto a parede celular permitir. O envoltório rígido exerce importante função no controle da expansão celular. A magnitude da expansão celular depende do tecido vegetal. A absorção de água pelas células gera, no interior delas, uma força conhecida como turgor. Com a absorção de água e consequente turgidez das células, ocorre elevada pressão do protoplasto na parede celular e consequente expansão celular. Para que a expansão ocorra, é necessário o relaxamento da parede celular. Esse relaxamento ocorre por ação de alguns hormônios, como a auxina. Uma vez ocorrido o relaxamento da parede celular, a pressão de turgor exercida pelo protoplasto na parede promove expansão celular e crescimento do tecido e da planta como um todo.

Uma célula pode se distender 100 vezes mais que o tamanho inicial anterior à expansão. A pressão interna tende a ser maior principalmente no momento em que a planta para de transpirar e continua absorvendo água. Durante o dia ela absorve água, porém perde durante o processo transpiratório e dificilmente consegue chegar a uma pressão de turgescência máxima necessária para promover expansão celular.

A redução do crescimento é o primeiro sintoma da deficiência hídrica, uma vez que a água é indispensável para a expansão celular, tanto que o principal mecanismo que limita o crescimento da planta na ausência de água é justamente a menor pressão hidrostática exercida na parede celular. Com isso, processos de alongamento e divisão celular ficam comprometidos em situações de deficiência hídrica.

Sustentação mecânica

Como uma planta se sustenta? Provavelmente quando se pensa em plantas imagina-se árvores. As árvores possuem tecidos lenhosos que conferem sustentação, mas em plantas herbáceas ou arbóreas em estado inicial de crescimento, os tecidos lenhosos são escassos e grande parte da sustentação mecânica é dada pela água. Essa característica deve-se à baixa compressibilidade da água.

Em condição de déficit hídrico, as folhas murcham porque as células perdem água, ficando flácidas, resultando em encolhimento e redução do volume celular. Dificilmente encontraremos folhas de plantas de eucalipto murchas, pois possuem grandes quantidades de tecidos de sustentação, mas é comum uma folha de couve ou de alface murchar, pois plantas herbáceas têm sua sustentação mecânica largamente determinada pela abundância relativa de água em seus tecidos. Quanto menor a proporção de tecidos lenhosos no corpo vegetativo da planta, mais a água ganha importância no sentido de manter a sustentação mecânica desse vegetal.

Solvente universal

A importância fundamental da água é que ela atua como solvente universal. Nenhuma substância dissolve tantos solutos quanto a água. Em uma célula vegetal existem inúmeras reações que se processam durante todo o tempo; e o meio em que ocorre essas reações é o aquoso. A água permite a difusão de substâncias até o centro ativo de uma enzima e é por meio da água que os elementos químicos conseguem interagir e reagir de modo a formar substâncias. A água é um solvente por excelência em função de suas várias e únicas propriedades, como o pequeno tamanho da molécula e natureza polar.

Reagente na fotossíntese

A água pode ser produto ou reagente em uma série de reações. Ela atua como reagente, principalmente nas reações de hidrólise. A água é um reagente da fotossíntese e como reagente ela nunca limita a fotossíntese, pois a quantidade da água gasta é uma fração ínfima, no entanto ela é importante no fornecimento de elétrons para o complexo enzimático que contém átomos de manganês e fornecimento de prótons para incrementar o gradiente entre lúmen e estroma.

Regulação térmica

A água possui elevado calor específico e calor latente de vaporização. O calor específico refere-se à energia necessária para elevar a temperatura de 1 g de água em 1 ºC, sem que haja mudança de estado físico. O calor latente de vaporização refere-se à energia necessária para mudança do estado líquido para o gasoso a temperatura constante. Com isso, a água funciona como um tampão térmico, conferindo estabilidade térmica para a planta hidratada. Assim, a planta hidratada apresenta menor variação de temperatura e, dessa forma, mantém relativa estabilidade em condição de frio ou calor. Significa dizer que uma planta bem hidratada apresenta menor variação de temperatura, mantendo uma estabilidade térmica mesmo em condição de variação da temperatura ambiente.

Propriedades físicas da água

Adesão e coesão

Em uma solução de água pura, as forças de coesão são interações água-água determinadas fundamentalmente pelas pontes de hidrogênio. A força de Van Der Waals atua na interação entre moléculas de água, no entanto, em termos comparativos, a importância dessas forças é desprezível em relação à contribuição determinada pelas pontes de hidrogênio.

A força de adesão refere-se à interação entre água e partículas sólidas. Quando uma gota de água é colocada sobre o papel, ela é rapidamente adsorvida. A água fica adsorvida no solo a partículas sólidas conhecidas como coloides. A força de adesão, ou seja, a ligação água-soluto é mais forte que a ligação água-água, portanto a ligação da água aos coloides do solo é mais forte que a ligação água-água. A energia necessária para rompimento da ligação água-soluto é maior que a energia para rompimento da ligação água-água.

Tensão superficial

Ao colocarmos uma gota de água sobre o vidro e uma gota de óleo, a gota de óleo espalha-se mais facilmente que a gota de água em função da diferença de tensão superficial entre os líquidos. A tensão superficial refere-se à energia necessária para espalhar uma superfície por unidade de área. Como resultado dessa alta tensão superficial, a água tem dificuldade de se espalhar e penetrar nos espaços de uma superfície. Isso fica evidente pela formação de gotículas nas folhas e pelo fato de a água não entrar nos espaços intercelulares por meio dos estômatos abertos.

A temperatura interfere decisivamente na tensão superficial, pois a agitação das moléculas com aumento de temperatura reduz a tensão superficial e a água, nesse caso, passa a ter maior espalhamento e penetração. É comum não conseguirmos remover sujeiras em recipientes utilizando água da torneira, pois a água não penetra nos poros das sujidades, no entanto, ao colocarmos a água quente, a sujeira é removida pela redução da tensão superficial e maior penetração nos poros.

Devido à elevada tensão que a água possui, é comum a utilização de adjuvantes e outros produtos para promover espalhamento da água durante as pulverizações agrícolas, visando, com a quebra da tensão superficial, ao maior espalhamento e à penetração do produto nas superfícies foliares.

Pontos de fusão e ebulição

A fusão da água ocorre a 0 °C. Se adicionarmos solutos não voláteis, o ponto de fusão da água será reduzido. Geralmente a adição de soluto reduz o ponto de fusão da solução resultante, dessa forma, ao nível do mar, a solução terá menor ponto de fusão que a água pura.

O ponto de ebulição da água ocorre a 100 °C ao nível do mar, mas ao adicionarmos solutos não voláteis, vai haver aumento do ponto de ebulição, deslocando-se para temperaturas mais elevadas, sendo proporcional a quantidade de solutos adicionados. Quanto mais concentrada uma solução, maior a temperatura de fervura daquela solução.

Pressão osmótica

A análise do compartimento "A" (contém apenas água pura) e do compartimento "B" (contém uma solução de qualquer soluto não volátil a uma concentração de 1M, ou 0,5M) separados por uma membrana semipermeável identifica que haverá um fluxo de líquido de "A" para "B". O volume em "A" diminuirá e o volume em "B" aumentará. Haveria paulatinamente uma diluição da concentração do compartimento "B" à medida que a água fluísse de "A" para "B". A taxa de movimento é determinada pela fórmula:

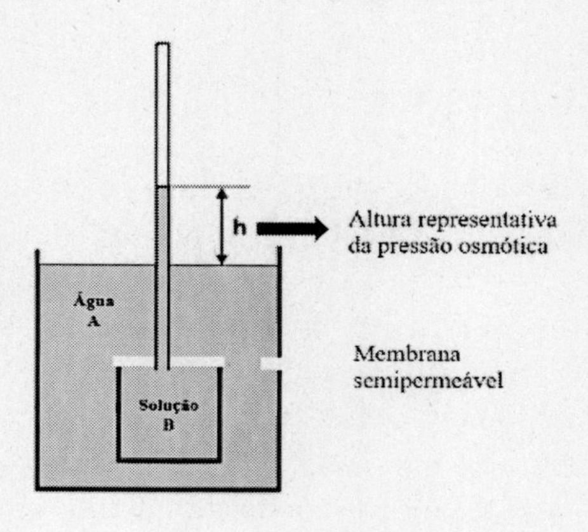

π = **RTC**, em que:

R = constante dos gases perfeitos (8,32 J mol^{-1} K^{-1})

T = temperatura absoluta – kelvin (K)

C = concentração molar (mol L^{-1})

Com 1M a 20 °C, a pressão osmótica (π) é da ordem de 2,44 MPa.

Se for aplicada uma pressão externa de modo a impedir o fluxo osmótico de "A" para "B", a pressão necessária para se evitar o fluxo osmótico de água de "A" para "B" é chamada de pressão osmótica. Então a pressão osmótica nada mais é do que a pressão necessária para se impedir ou anular a osmose que se refere ao fluxo de solvente da região de maior concentração de água para uma região de menor concentração de água por uma membrana semipermeável. Dessa forma, quanto maior a concentração da solução, maior é a pressão que se deve aplicar para impedir ou anular a osmose.

Potencial hídrico

O potencial hídrico (ψ_w) é a variável que melhor define o status energético da água no estado líquido. Matematicamente o ψ_w é a soma dos potenciais osmótico, matricial, pressão e gravitacional.

$$\psi_w = \psi_s + \psi_m + \psi_p + \psi_g$$

Ψ_s = potencial osmótico

Ψ_m = potencial métrico

Ψ_p = potencial de pressão

Ψ_g = potencial gravitacional

$\Psi_s + \psi_m$ = efeito de concentração

O potencial osmótico (ψ_s) está associado a soluções verdadeiras, ou seja, à presença de solutos na água. O ψ_s possui valor negativo porque a presença de solutos tende a reduzir a energia livre da água, ou seja, reduz a capacidade de a água realizar trabalho. Existe uma tendência de a água se movimentar de uma região com menor concentração de soluto em direção a outra região com maior concentração de soluto. De maneira geral, como o soluto restringe o movimento da água em função da forte ligação água-soluto, a região com mais solutos tem tendência de receber água. É possível a água ir de um ambiente mais concentrado em soluto para um menos concentrado? Sim, desde que o mais concentrado tenha maior potencial hídrico.

O potencial osmótico é descrito pela seguinte fórmula:

$$\Psi_s = -RTC$$

Em que:

R = constante dos gases

T = temperatura absoluta

C = concentração molar

O potencial mátrico (ψ_m) está associado a coloides e macromoléculas. Se colocarmos uma gota de água sobre um papel seco, a gota será fortemente adsorvida, ou seja, o papel está restringindo a água de movimentar-se livremente, está reduzindo a energia livre da água. De modo semelhante ocorre se jogarmos uma gota de água sobre um coloide no solo: a água será fortemente adsorvida. Esse coloide, então, reduz a capacidade de a água realizar trabalho. Em outras palavras, podemos dizer que ocorre redução da energia livre da água em função da presença de material não solúvel nessa água, ou seja, não ocorre formação de solução, mas a adsorção limita o movimento de água.

O potencial de pressão (ψ_p) é resultado da entrada de água na célula em função do gradiente de potencial hídrico. O ψ_p refere-se à pressão hidrostática do protoplasto na parede celular por ocasião da absorção de água e consequente turgidez, ou seja, o protoplasto pressiona a parede celular e, em consequência, a parede celular devolve uma pressão de mesmo módulo em sentido oposto, e isso é denominado de ψ_p. O ψ_p pode assumir valores positivos em células túrgidas e valores negativos em células sob tensão ou nulos por ocasião da plasmólise incipiente (condição em que o protoplasto não exerce pressão sob a parede celular).

O potencial gravitacional refere-se ao efeito da gravidade no potencial hídrico. O Ψ_g é insignificante dentro das folhas ou raízes, mas se torna significativo para movimentos de água em árvores altas. O efeito da gravidade depende da altura que a coluna de água deve alcançar (h), densidade da água (P_w) e aceleração da gravidade (g).

$$\Psi_g = P_w \cdot g \cdot h$$

Geralmente o potencial hídrico (Ψ_w) assume valores entre 0,5 e 4,0 MPa em células vegetais. O potencial hídrico nada mais é do que uma maneira de expressar o potencial químico da água. Trata-se de um artifício matemático para transformar uma variável termodinâmica, o potencial químico, expresso em unidade de energia por mol para potencial hídrico que é expresso em unidade de pressão. A água flui do maior para o menor potencial hídrico, do local de maior para o de menor energia livre, dessa forma, o fluxo de água em dois sistemas ocorre em resposta a uma diferença de potencial hídrico e não diferença de concentração.

- Se o $\Psi_{wA} = \Psi_{wB}$, então a célula está em equilíbrio.
- Se o $\Psi_{wA} > \Psi_{wB}$, então o fluxo de água vai de A para B.
- Se o $\Psi_{wA} < \Psi_{wB}$, então o fluxo de água vai de B para A.

Se em um meio com $\Psi_w = -0,5$ MPa sem nenhum tipo de pressão externa ($\Psi_w = \Psi_s = -0,5$ MPa) tivermos uma célula com $\Psi_w = -0,5$ Mpa, observaremos que não haverá fluxo líquido em nenhum dos dois sentidos; porém se com uma seringa injetar uma solução com $\Psi_s = -0,5$ MPa na célula, o fluxo de água será da célula para o meio até que se estabeleça um novo equilíbrio. Concluímos que no presente caso o fluxo de água foi governado pelo Ψ_p e que no reequilíbrio a concentração do suco celular é maior que no equilíbrio inicial (antes da injeção da solução de $\Psi_s = -0,5$ MPa). Assim, notamos que o Ψ_s compete para favorecer a entrada de água na célula, enquanto o Ψ_p compete para saída de água da célula.

O potencial hídrico é a soma algébrica de quatro componentes: potencial osmótico, potencial de pressão, potencial mátrico e potencial gravitacional. Na célula, como a altura é desprezível, o valor do potencial gravitacional é nulo.

Quando a célula está no equilíbrio *steady-state* o potencial hídrico do apoplasto é igual ao potencial hídrico do simplasto. Como o apoplasto apresenta muito coloide, o efeito do potencial mátrico é significativo. Observe que o apoplasto desenvolve pressão contra o protoplasto, porém está submetido a pressão atmosférica, sendo, nesse caso, o $\Psi_p = 0$. O apoplasto apresenta o Ψ_s bastante reduzido quando comparado com o Ψ_s do simplasto.

Quanto ao simplasto, o Ψ_s é de grande importância pela grande concentração de soluto. Há atuação do potencial de pressão porque a parede celular realiza uma força contrária ao aumento do volume no protoplasto.

Quanto ao Ψ_m, o efeito no simplasto pode ser desconsiderado porque a concentração de macromoléculas (coloides) é baixa. Além disso, os métodos utilizados captam uma potencial contribuição dos coloides. Dessa forma, o Ψ_m pode ser desconsiderado. Assim: $\Psi_{s\,(a)} + \Psi_{m\,(a)} = \Psi_{s\,(s)} + \Psi_{p(s)}$. Considerando esse equilíbrio, definimos o Ψ_w da célula como: $\Psi_w = \Psi_s + \Psi_p$; mas a rigor é preciso ter em mente que $\Psi_s + \Psi_p$ refere-se ao Ψ_w do simplasto e em condição de equilíbrio pode-se inferir à célula e à planta inteira analisada na antemanhã, quando é verificada estabilização de potencial hídrico em todas as partes do vegetal.

O movimento da água ocorre de forma passiva, sem gasto de energia metabólica e pode ser do tipo:

- **fluxo em massa**, quando ocorre o movimento de grupos de moléculas em resposta ao gradiente de pressão. Esse fluxo é responsável pelo movimento de água a longas distâncias, trata-se do principal mecanismo de transporte ascendente de seiva no xilema. O movimento ocorre de um local de maior potencial para outro de menor potencial;
- **difusão**, que é o movimento de moléculas individuais em resposta ao gradiente de concentração. Esse movimento é lento e eficiente apenas para pequenas distâncias;
- **osmose**, que é um tipo particular de movimento por fluxo em massa ou difusão a partir de uma membrana semipermeável. Na osmose, os componentes partem de uma região de maior concentração para outra de menor concentração. A osmose envolve a passagem por uma membrana com determinada seletividade e representa importante movimento no interior da célula.

Água no solo

O solo exerce importantes funções para os vegetais, pois, além da sustentação física, fornece ar, água e nutrientes, protege as plantas contra toxinas e tem ação efetiva na regulagem da temperatura. O solo é composto de porções na fase gasosa, líquida e sólida. Um solo com condições adequadas para o crescimento e desenvolvimento do sistema radicular possui valores aproximados de 5% de matéria orgânica e parte mineral correspondente a 45%, dos quais 20 a 30% de ar, e 20 a 30% de água. A parte gasosa do solo é composta praticamente da mesma diversidade de gases presentes na atmosfera, mas em concentrações diferentes, principalmente no que tange ao CO_2 e O_2. A macroporosidade do solo, conteúdo de água e consumo de O_2 pela respiração de micro-organismos e sistema radicular, é determinante para as variações do oxigênio no solo. Em solos em que 80 a 90% dos espaços porosos são ocupados por água, ocorre limitação do crescimento de espécies vegetais não tolerantes à deficiência de oxigênio. A disponibilidade de O_2 ao longo do perfil do solo pode sofrer variações significativas em solos mal drenados e/ou compactados. A concentração de CO_2 no solo aumenta com a respiração das plantas e micro-organismos em detrimento da redução do O_2. Algumas plantas são sensíveis aos aumentos de CO_2 superiores a 10% e apresentam sintomas de toxidez.

A porção líquida do solo é composta de solução da qual as plantas retiram água e nutrientes. A solução do solo não representa a maior reserva de minerais, pois essa reserva se encontra na porção sólida, mas é na solução que a água e os nutrientes estão aptos para serem absorvidos pelas raízes vegetais. O ar e a solução do solo ocupam os espaços porosos, geralmente de 30 a 60% do volume total. Esses poros são delimitados principalmente pelas partículas minerais. Os poros podem ser inteiramente preenchidos com água (solo saturado) ou predominantemente por ar (solos drenados). Em solos agrícolas, na capacidade de campo, a água usualmente ocupa de 40 a 60% dos espaços porosos.

A capacidade de campo refere-se à quantidade máxima de água útil para as plantas. O potencial hídrico do solo, nessa condição, gira em torno de -0,03 a -0,01 MPa. As quantidades adicionais de água são de uso limitado às plantas por serem retidas por um curto período de tempo e causarem restrições à aeração. À medida que ocorre redução de água no solo, o potencial hídrico decresce e, quando atinge o valor de -1,5 MPa, diz-se que o solo está no ponto de murcha permanente (PMP), condição em que algumas espécies não absorvem água do solo. É importante ressaltar que o potencial de extração de solução do solo difere entre espécies vegetais, de forma que, por exemplo, um eucalipto possui capacidade de absorção diferente da planta de alface, pelo que o PMP difere entre espécies vegetais.

A fase sólida do solo é composta de matéria orgânica, que geralmente se encontra em percentual em torno de 5%, e partículas minerais (silte, argila e areia), em torno de 45%. A matéria orgânica formada pelo material decomposto e em decomposição exerce importância nas propriedades física, química e biológica do solo pela estabilidade que confere aos agregados e porosidade, pelo fornecimento de nutrientes minerais, principalmente nitrogênio e oferecimento de condições favoráveis ao desenvolvimento de micro-organismos.

A proporção das partículas de diferentes tamanhos define a textura do solo, enquanto a estrutura refere-se à maneira como as partículas estão agregadas. O tamanho das partículas decresce da areia para a argila com o silte, por sua vez, possuindo granulometria intermediária. Os solos arenosos possuem pouca estruturação, baixa retenção de água e capacidade limitada de troca de cátions, são secos e umedecem rapidamente, formam sistemas capilares relativamente simples com boa drenagem e aeração. Os solos arenosos são mais vulneráveis à erosão e lixiviação, têm maior densidade e resistência à compactação do que os argilosos. Os solos argilosos possuem grande retenção de água, elevada capacidade de troca de íons e alta estruturação, além de aquecer mais lentamente que os solos arenosos.

Em termos de agricultura, os solos de textura intermediária são preferíveis por possuírem propriedades medianas entre os solos arenosos e argilosos. Um solo é considerado adequado para o crescimento das plantas quando apresenta boa retenção de água, bom arejamento, adequado suprimento de calor e pouca resistência ao crescimento do sistema radicular. Além disso, é importante que possua estabilidade dos agregados e apropriada infiltração de água. Uma quantidade cômoda de macroporos é indicativo de boa aeração, enquanto a presença de microporos refere-se à capacidade de reter água contra a ação da gravidade. No processo de secamento do solo, os poros maiores são esvaziados primeiro, enquanto nos poros menores a força de retenção é maior.

As argilas são as partículas quimicamente ativas do solo e podem ser do tipo 1:1, formado por uma camada de tetraedro de silício e outra de octaedro de alumínio (caulinita); ou do tipo 2:1, com duas camadas de tetraedro de silício e um octaedro de alumínio (vermiculita, montmorilonita). As argilas 2:1 possuem maior capacidade de troca de íons (80 a 100 meq/100 g) do que as argilas 1:1 (3 a 15 meq/100 g). As cargas negativas das argilas são oriundas principalmente da quebra de ligações próximas à margem da unidade estrutural e substituições isomórficas na estrutura cristalina.

Os solos arenosos e argilosos apresentam propriedades divergentes quanto à retenção de água e nutrientes, e aeração. A presença da matéria orgânica auxilia na correção das deficiências nos extremos de areia ou argila por meio da ação cimentante sobre as partículas, provê maior aeração e armazenamento de água e nutrientes, proporciona ação quelante de elementos minerais, aumento do poder tampão no pH, incremento da capacidade de troca de íons, aumento da população de micro-organismos e redução da densidade do solo pela estabilidade de agregados.

Absorção de solução do solo

A água é o meio ideal para as diversas reações bioquímicas, além de exercer inúmeras funções vitais para os vegetais. Os nutrientes são necessários para formação de compostos essenciais ao funcionamento das plantas, como proteínas, clorofilas, ácidos nucleicos e outros. Dessa forma, as plantas absorvem constantemente água e nutrientes do solo. A perda de água na forma de vapor pela parte aérea das plantas resulta em uma tensão ao longo do xilema e, consequentemente, em um gradiente de potencial hídrico entre raiz e solo. Por meio dos pelos radiculares, que são extensões de células epidérmicas que aumentam a área de contato entre raiz e solo, ocorre a absorção de solução do solo.

Uma vez ocorrida a absorção, a solução movimenta-se pelo córtex do sistema radicular via simplasto ou apoplasto até o estelo. Para a solução alcançar o cilindro central, conhecido como estelo, é necessário atravessar uma camada de células mais espessa denominada estrias de Caspary (Figura 2). A faixa de Caspary é uma região mais suberizada, impermeável à água, bloqueando a passagem dessa solução para a endoderme via apoplástica. Com isso, a entrada de água no xilema somente ocorre atravessando a membrana.

A absorção e o transporte de água é um processo passivo, sem gasto de energia. Nas membranas as proteínas conhecidas como aquaporinas facilitam a passagem de água. A absorção dos nutrientes minerais requer energia metabólica. Uma vez que a solução alcança o cilindro central e chega ao xilema, ocorre a ascensão da solução (seiva do xilema) para a parte aérea. A terminologia correta para essa solução que ascende para a parte aérea é "seiva do xilema" e nunca seiva bruta, pois a seiva que ascende possui, além de nutrientes, aminoácidos e outros compostos orgânicos oriundos do metabolismo do nitrogênio no sistema radicular.

Figura 2 – Ilustração do percurso da água pelo sistema radicular

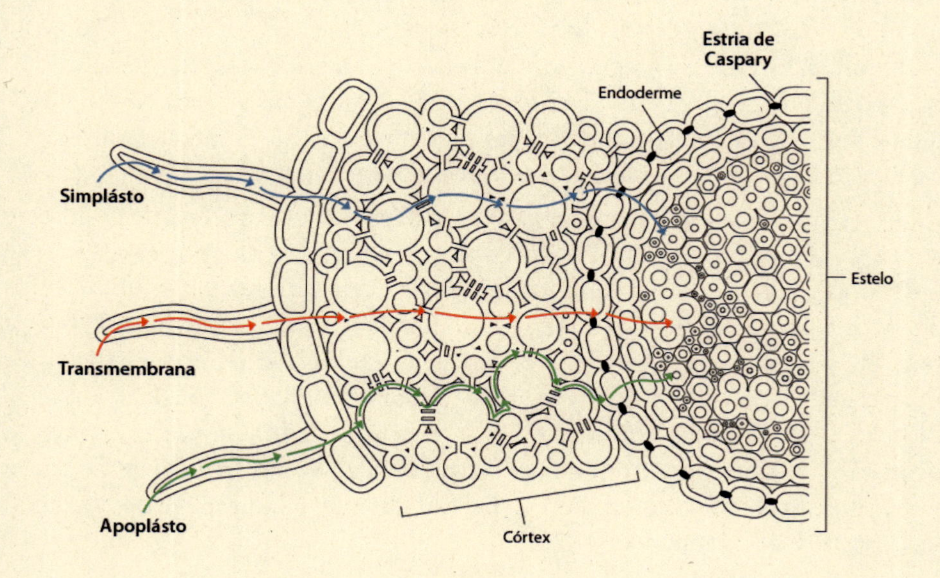

Fonte: os autores

A integração fisiológica da condutividade hidráulica e condutância interna do CO_2 para a folha tornou-se foco importante nos últimos anos. Há correlação estreita entre os dois, tal que a condutividade hidráulica da folha pode ser utilizada, dentre outras medições, para prever a condutância mesofílica (g_m). Existem estudos recentes que sugerem que a água e o CO_2 compartilham vias de difusão a partir do mesofilo da folha. A condutância mesofílica tem sido associada à atividade de aquaporinas, e essas podem facilitar a difusão do CO_2 a partir das membranas plasmáticas e cloroplastos.

Apesar do progresso no esclarecimento das aquaporinas, os mecanismos que regulam as relações hídricas de plantas são controlados por vários sinais hormonais e hidráulicos interconectados que levam à alteração de permeabilidade do tecido por meio de modificações na expressão das aquaporinas. Questões em relação a esse contexto ainda exigem pesquisa para elucidar as dúvidas: (1) qual é o papel da modificação de resíduos de aminoácidos específicos de aquaporinas (fosforilação, desaminação, ligação dissulfeto etc.) bem como a identidade e regulação da modificação de enzimas; (2) como funcionam as aquaporinas e canais de K^+ corregulados para controlar a homeostase de água na célula; (3) se é necessário identificar inibidores ou antagonistas de aquaporinas altamente específicos; (4) como é a difusão do CO_2 e da água nas folhas acopladas; (5) qual é o papel das aquaporinas (genes TIP) na condutividade hidráulica das raízes e folhas; (6) qual é a importância das aquaporinas na transdução de sinais nas raízes e folhas e o impacto em longo prazo sobre o controle dos estômatos.

As plantas alteram o metabolismo a partir de condições que conduzem a uma diminuição do pH citossólico com redução da permeabilidade hidráulica. Essa reação da planta foi encontrada por ser sensível a íons de metais pesados, sugerindo-se que a regulação das aquaporinas ocorre por alterações no pH. Além disso, o transporte de água em vesículas de membrana de plasma obtidas a partir de *Arabidopsis thaliana* em suspensão de células foi bloqueada por H^+ e Ca^{2+}. Na anoxia induzida por enchente, ocorre reduzida absorção de água devido à inibição da absorção pelas raízes, porque nessas condições também ocorre acidificação citossólica e inibição da atividade de aquaporinas.

Fatores que afetam a absorção

Composição da solução do solo

O aumento na concentração de solutos no solo afeta diretamente o potencial hídrico. Ao aumentar a concentração de soluto via adubação, haverá redução no potencial osmótico do solo e, como consequência, torna-se mais difícil de estabelecer um gradiente de potencial hídrico favorável à absorção. Por esse motivo, a adubação é recomendada quando há umidade suficiente no solo. No entanto o status nutricional da planta também afeta bastante a extração de solução do solo, pois a deficiência de N e P promove redução na permeabilidade radicular por associar-se com a menor concentração de aquaporinas e proteínas integrais que atuam no transporte de água.

Em determinadas situações, algumas plantas podem expelir no solo ácido cumárico, ácido ferrúlico e sorgoleone (eucalipto, sorgo). Esses compostos estão associados à alelopatia. Plantas que secretam essas substâncias não apresentam problemas na absorção, no entanto outras plantas que convivem na mesma rizosfera têm o sistema radicular reduzido e como consequência apresentam menor absorção de solução do solo.

Aeração

No solo, a aeração está intimamente associada a três fatores:

- textura do solo – solos arenosos são os que apresentam maior aeração;
- compactação – quanto maior a compactação, menor a aeração. Normalmente solos argilosos estão mais sujeitos a compactação;
- disponibilidade de água – quanto maior a disponibilidade de água no solo, menor a aeração, pois em um solo inundado a aeração é deficiente porque a água ocupa os espaços que seriam destinados ao ar.

A deficiência na aeração reduz as taxas de absorção de água e nutrientes. Ao faltar oxigênio, ocorre redução da respiração aeróbica com favorecimento à glicólise e à fermentação. O rendimento energético passa a ser muito baixo em função das reduzidas taxas respiratórias, prejudicando a absorção de nutrientes minerais e outras atividades metabólicas que demandam energia.

A baixa aeração reduz a permeabilidade das membranas do sistema radicular porque as aquaporinas possuem uma taxa de giro bastante elevada e necessariamente ocorre intensa degradação e formação de novas aquaporinas. Além disso, a respiração anaeróbica interfere no pH do citosol e na atividade de aquaporinas nas células das raízes, resultando em raízes menos permeáveis.

Temperatura

As baixas temperaturas reduzem muito a respiração e, consequentemente, afetam a absorção em função do aumento da viscosidade, pois em baixas temperaturas a viscosidade da água aumenta enquanto a permeabilidade da membrana e a atividade de aquaporinas são reduzidas.

A alta temperatura, em longo prazo, influencia a redução da absorção, porque a temperatura afeta muito a evapotranspiração, desse modo, a disponibilidade de água no solo diminui por evaporação e a planta tende a reduzir a transpiração, que é a força motora da absorção. O solo arenoso possui calor específico menor que o argiloso e, portanto, apresenta maior oscilação de temperatura quando ocorrem variações na temperatura do ar, no entanto a água possui calor específico maior que os solos e, por isso, funciona como tampão térmico, de forma que um solo úmido apresenta menores variações de temperatura. A assim, em condições de campo, o déficit hídrico pode estar associado com o estresse térmico e a adequada disponibilidade de água pode minimizar os efeitos da elevada temperatura.

Elevação hidráulica

O secamento do solo se dá de cima para baixo, por isso as raízes mais superficiais sofrem mais com a falta de água. Enquanto as raízes superficiais estão em um horizonte com menor disponibilidade de água, as mais profundas continuam tendo acesso a alguma água. A água sai das partes mais profundas do solo e é tracionada para a parte aérea. A água, ao subir pelas raízes, passa pela zona mais superficial do solo, na qual encontra um potencial hídrico mais negativo. Nesse caso, a planta pode perder água para o solo. A água sai de um local de alta disponibilidade e se eleva a partir da planta, e nas camadas mais superficiais pode sair para o solo. O transporte de água das camadas mais profundas para as superficiais por meio da planta é denominado elevação hidráulica. Na prática, a planta minimiza a perda de água para o solo, pois ocorre suberização do sistema radicular com deposição de compostos hidrofóbicos que impedem a saída de água da planta.

Capacidade de retenção do solo

As argilas são partículas quimicamente ativas no solo, dessa forma, os solos com elevado percentual de argila possuem elevada área superficial específica, alta capacidade de troca de íons, grande número de microporos, muita formação e estruturação de agregados e maior retenção de água e nutrientes em relação aos arenosos. No entanto os solos arenosos possuem maior quantidade de macroporos, são mais aerados e têm drenagem mais eficiente que os solos argilosos. Além disso, os solos arenosos aquecem e resfriam mais rapidamente e são menos suscetíveis à poluição pela baixa retenção de resíduos químicos.

Ascensão da seiva do xilema

O sistema condutor de seiva do xilema ocorre em um tecido denominado xilema. O xilema é um tecido vivo quando imaturo e morto quando maduro. As paredes celulares do xilema possuem importante deposição de lignina para suportar as elevadas tensões que ocorrem nesse tecido.

No xilema existem dois tipos de células condutoras: os elementos de vaso e os traqueídeos. Os elementos de vaso são células mais curtas e de maior diâmetro, enquanto os traqueídeos são células mais longas e de menor diâmetro. Os elementos de vaso vão se justapondo, e na junção de um vaso com outro ocorre a placa perfurada, que pode ser simples ou composta. Na junção da placa perfurada simples, a parede celular sofre completa dissolução, enquanto na placa perfurada composta a dissolução é parcial, ou seja, na placa simples há o aspecto de uma peneira. Assim, a resistência ao fluxo será menor em plantas nas quais os elementos de vaso têm placas simples. Os elementos de vaso vão se justapondo, formando um ducto entre um elemento de vaso e outro. As angiospermas possuem tanto elementos de vaso quanto traqueídeos, enquanto as gimnospermas possuem apenas traqueídeos.

O mecanismo que melhor explica a ascensão de seiva foi formulado de maneira rudimentar, mas é uma teoria mantida até os dias atuais. A teoria foi formulada por Dixon e Joly e é conhecida como teoria da tensão-coesão.

A ascensão da seiva do xilema é possível graças ao processo de transpiração, que gera uma tensão ou força de sucção nos terminais do xilema de maneira que a água ascende para a parte aérea. Nessa teoria, há três pontos importantes: as forças de tensão, coesão e adesão da água. Isso permite que a água seja tracionada para a parte aérea sem que ocorra descontinuidade hidráulica, ou seja, sem ruptura da coluna ao longo do xilema.

Em ductos como o xilema de lúmen delgado com paredes celulares internas lignificadas, a água suporta altas tensões, sem que se rompa. Para a água pura, essa força de tensão suportada é de 5 a 140 MPa. Quanto menor for o diâmetro do lúmen, maior a força tênsil à qual a água pode ser submetida sem que a coluna seja rompida. Mas no xilema a água não está pura, e sim em solução. Os líquidos sob tensão estão em estado "metaestável" com facilidade para elevar-se a fase de vapor. A sucção facilita a passagem do líquido para a fase de vapor. Dessa forma, o xilema está sob condição que favorece dentro de certos limites a formação de bolhas de ar.

A água pura suporta tensões da ordem de 5 a 140 MPa, mas uma solução suporta valores menores, pois os solutos tendem a atrair as moléculas pela camada de solvatação. Quando uma folha perde água por transpiração, a parede celular perde água inicialmente e retira água do interior das células e o potencial hídrico do mesofilo é reduzido; com isso, é estabelecido um gradiente de potencial hídrico entre as células do mesofilo e as células dos terminais do xilema. A tensão é propagada molécula a molécula de água até o sistema radicular, no qual é gerado o gradiente de potencial hídrico entre raiz e solo, necessário para absorção. As moléculas de água estão unidas por forças de coesão e, ao se desenvolver a força tênsil, a tensão é propagada para cada molécula de água e transferida ao longo da coluna hidráulica do xilema.

Do mesmo modo, se pegarmos o elo terminal de uma corrente e puxarmos com uma força suficientemente grande, podemos arrastar toda a corrente, pois cada elo está unido a outro. Se porventura as forças de coesão da água fossem muito baixas, facilmente ocorreria a ruptura da coluna ascendente, mas como são forças elevadas, tem-se a tendência da manutenção da continuidade hidráulica ao longo do xilema.

Ao succionar um canudo dentro de um recipiente contendo água ou refrigerante, a tensão ou a sucção é transmitida para o líquido dentro do canudo e também para suas paredes, e ao succionar, as paredes sofrem colabamento, ou seja, também estão sob tensão. No xilema acontece a mesma coisa, as paredes estão sob tensão e não sofrem colabamento em função da alta resistência mecânica. As paredes sob tensão possuem água em sua composição (hidratada) e essa água está impregnando os espaços porosos da parede celular.

A parede é porosa e, se toda a água retida fosse removida pela tensão, ocorreria entrada de ar, no entanto a água tem altas forças de adesão e está muito fortemente retida à parede; consequentemente, apesar de estar sendo tracionada, as forças de adesão mantêm a parede hidratada, dificultando a passagem de ar, de modo que o ar não tende a ganhar o lúmen do xilema. A força de adesão é fundamental para explicar o movimento ascendente de seiva, ou seja, para manter a integridade hidráulica da coluna do xilema.

Transpiração

A transpiração é a perda de água na forma de vapor. Nos vegetais, as folhas possuem as principais estruturas de perda de água, os estômatos. A transpiração é governada pelo gradiente de concentração de vapor-d'água entre o órgão transpirante e a atmosfera que o circunda. Os estômatos são formados por células guardas e possuem o mecanismo de abertura e fechamento. Cerca de 97% da água absorvida pelas plantas é perdida por transpiração, 2% utilizada no crescimento e 1% no metabolismo. A abertura dos estômatos ocorre para o influxo de CO_2, no entanto, por ocasião da entrada de CO_2, ocorre a perda de água na forma de vapor, principalmente porque o gradiente de perda de água é superior ao gradiente de influxo de CO_2. Mais de 90% da água absorvida pelas espécies vegetais é perdida por transpiração.

A área de células mesofílicas para perda de vapor-d'água é muito grande e a saída desse vapor ocorre quase sempre pelos estômatos, dessa forma, há muita área de perda de vapor-d'água por um espaço limitado, havendo, assim, alta concentração de vapor nas células do mesofilo e formação do gradiente necessário para a transpiração. Quando a umidade relativa do ar é 99% a 20 °C, o Ψ_w da atmosfera é igual a -3,12 MPa. Como raramente o potencial hídrico da folha chega a -1,5 MPa, fica coerente a asserção de que a umidade relativa da folha é quase sempre superior a 99% e o gradiente de concentração de vapor-d'água nessas circunstâncias existirá em magnitude suficiente para ocorrer a transpiração.

Ecofisiologia da transpiração

A água é um recurso essencial constantemente adquirido pelas plantas a partir da absorção e utilizado em inúmeros processos morfológicos e fisiológicos. A perda de água para a atmosfera é um evento corriqueiro, mas os vegetais ao longo da evolução desenvolveram estruturas que conferem resistência à perda excessiva de água para evitar a desidratação.

Espessura da camada limítrofe

Quando uma folha perde água na forma de vapor é coerente a asserção de que a atmosfera circundante à folha possuirá maior concentração de vapor-d'água que a atmosfera distante. Essa camada de vapor-d'água que fica sobre a folha após a transpiração é chamada de camada limítrofe. Quanto maior a espessura da camada limítrofe, menor a transpiração foliar.

Tamanho, forma e superfície da folha

Quanto maior a folha, maior a área transpirante e, consequentemente, maior a transpiração. As folhas menores transpiram menos, pois mantêm o balanço energético via calor sensível. Em uma planta foliolada, cada folíolo se comporta como uma pequena folha com maior fluxo de calor sensível e reduzida transpiração.

Quanto à superfície da folha, esta pode ter estômatos localizados em criptas ou depressões. Nessa situação, é maior a espessura da camada limítrofe, portanto, quando o estômato está localizado em criptas há uma tendência de ocorrer menor transpiração, porque a resistência do ar é maior. Outro aspecto é a presença de tricomas. Os tricomas aumentam a resistência ao movimento do ar, pois são como microquebra-ventos que dificultam a ação do vento em remover a camada limítrofe. Por isso, os tricomas conferem estabilidade a camada limítrofe e a transpiração será menor.

A presença de ceras na superfície foliar também exerce interferência na perda de água. As ceras podem refletir a radiação solar, contribuindo para menor temperatura foliar e, consequentemente, menor transpiração. Por fim, a cutícula interfere na transpiração pela variação na espessura e composição. Quanto mais espessa, menor será a taxa transpiratória por aumentar o percurso da água até os sítios de perda. A cutícula composta de muitas substâncias hidrofóbicas tende a limitar muito a perda de água.

Área foliar e fator de desacoplamento (Ω)

Geralmente o aumento da área foliar incrementa a transpiração total da planta, mas a transpiração por unidade de área foliar pode ser reduzida. Quando a planta vai se desenvolvendo e a área foliar vai aumentando, ocorre acréscimo significativo do Índice de Área Foliar (IAF), que nada mais é que a área foliar total da planta projetada por área de unidade de terreno.

O elevado índice de área foliar resulta na formação de um microclima no interior do dossel; o dossel terá maior umidade, menor velocidade do vento, menos luz, menos radiação solar e será menor a fonte energética para promover o processo de transpiração. Dessa forma, o aumento do IAF gera a formação de um microclima no interior do dossel com menos vento, menor radiação e maior umidade. Isso faz com que ocorra aumento da espessura da camada limítrofe, maior resistência do ar e menor transpiração.

O fator de desacoplamento (Ω) varia de 0 a 1. Quando é igual a 0, a copa está completamente acoplada em relação ao ambiente, ou seja, o que ocorre na atmosfera, ocorre no dossel. Quando o desacoplamento é máximo (1), ocorre a formação de microclima, o que se passa na atmosfera não se passa no dossel na mesma magnitude. Quanto menor o fator de desacoplamento, maior a transpiração.

Quando se faz uma poda em uma planta, o que se espera é que ocorra redução do fator de desacoplamento, principalmente para maior incidência de radiação solar no interior do dossel. Nessa circunstância, ocorre aumento da transpiração por unidade de área foliar na planta.

Razão sistema radicular/parte aérea (SR/PA)

Fixando-se a parte aérea em termos de área foliar, quanto maior a razão SR/PA, maior será a transpiração, pois o sistema radicular mais robusto suporta maior fluxo ascendente de água, ou seja, a parte aérea mantém-se mais hidratada, estômato aberto e, com isso, maiores taxas de transpiração, no entanto é importante destacar que as variações na parte aérea podem afetar a área foliar transpirante e alterar a interpretação da razão.

Por muitos motivos a razão SR/PA é inadequada, pois em uma árvore a maior parte da massa seca da parte aérea é dada pelo caule e não pelas folhas, e o caule tem uma taxa transpiratória muito baixa em razão de isolamento de suberina e cortiça. Então seria mais apropriado se tivéssemos a superfície radicular sobre área foliar (SR/AF), pois na verdade são as folhas os órgãos que mais perdem água para o ambiente. Por outro lado, as raízes muito grossas podem absorver muito pouco e por serem muito espessas têm mais massa, tornando a razão (SR/PA) inadequada. Dessa forma, uma variável do tipo área ou comprimento das raízes sobre área foliar seria mais adequada.

Orientação foliar

As plantas são organismos sésseis, no entanto alguns órgãos dos vegetais executam pequenos movimentos que exercem importante influência na fisiologia da planta. Os movimentos foliares são denominados heliotropismos. Esses movimentos têm como consequência a alteração significativa na interceptação da radiação solar e, com isso, alteram a taxa de transpiração.

Quanto maior a absorção de energia luminosa, maior a temperatura foliar e maior a transpiração. Dessa forma, o movimento foliar pode minimizar a absorção de energia luminosa entre 20% e 30% e promover variações de temperaturas de 1°C a 10°C no paraheliotropismo quando a incidência da radiação solar é paralela à folha e, assim, a transpiração será minimizada. O movimento foliar pode maximizar a absorção de energia solar por meio da incidência da radiação de forma perpendicular à folha no diaheliotropismo, aumentando a transpiração. Algumas espécies, como soja, feijoeiro, cafeeiro e leucena, apresentam significativos movimentos foliares ao longo do dia.

Disponibilidade de água no solo

A água é o mais importante fator do ambiente no que tange ao controle da taxa transpiratória e a maior parte da água absorvida pelas plantas é obtida do solo, sendo assim, a maior disponibilidade de água no solo resulta em maior taxa transpiratória em relação a uma condição de déficit hídrico. A deficiência hídrica resulta em redução da abertura estomática e controle da transpiração, pois minimizar a perda de água por transpiração representa um dos primeiros mecanismos de defesa da planta em situação de deficiência hídrica.

Estômatos

Como a maior parte da transpiração da planta ocorre via estômatos, essa estrutura exerce importante efeito no controle da perda de água. Algumas espécies possuem alta sensibilidade estomática e fecham os estômatos mais rapidamente em condição de baixa concentração de vapor-d'água na atmosfera ou em condição de déficit hídrico no solo, outras espécies possuem baixa sensibilidade estomática, mantendo os estômatos abertos durante maior período de tempo em condição de baixa disponibilidade de água no solo ou baixa concentração de vapor-d'água na atmosfera. Essa diferença na sensibilidade estomática exerce importante influência na taxa transpiratória, pois espécies com menor sensibilidade estomática tendem a transpirar mais e desidratar mais rapidamente. A Tabela 2 demonstra a menor taxa transpiratória e maior sensibilidade estomática de plantas de sorgo em relação às plantas de milho cultivadas em vasos de oito quilos. As plantas tinham 40 dias de idade quando foram avaliadas em condição de sombreamento de 70% e a pleno Sol.

Os estômatos podem estar localizados na epiderme abaxial, adaxial ou em ambas as epidermes. A localização dos estômatos é importante para a transpiração foliar, pois as forças motoras da transpiração são mais intensas na superfície adaxial das folhas e, portanto, as plantas com estômatos na epiderme adaxial apresentam maior transpiração.

Tabela 2 – Teste de média para transpiração (*E*) em plantas de milho e sorgo submetidas a diferentes intensidades luminosas e avaliadas aos 40 dias de idade

	E (g H_2O dia^{-1})	
Espécies	**Pleno Sol**	**Sombra**
Milho	40,1Ab	53,3Aa
Sorgo	38,6Aa	30,8Ba

As médias seguidas de mesma letra maiúscula na coluna e minúscula na linha não diferem a 5% de probabilidade pelo teste de média de Newman-Keuls.
Fonte: De Melo (2023)

Cavitação

A cavitação consiste na ruptura da coluna de água ao longo do xilema. Ela ocorre em três circunstâncias:

1. quando as forças de tensão no xilema aumentam bastante;
2. quando ocorre alteração mecânica, pois quando ocorre incisão no ramo a continuidade hidráulica do xilema é destruída;
3. quando ocorre congelamento. As plantas em clima temperado podem ter a seiva congelada em condição de baixa temperatura.

Durante muitos anos acreditava-se que o vaso cavitado não era recuperado e, assim, a cavitação significava um processo extremamente maléfico para a planta por interferir diretamente no transporte de seiva. Atualmente, sabe-se que o vaso cavitado é recuperado e que o processo representa um mecanismo de proteção hidráulica, pois a cavitação que ocorre em grande parte das espécies no período em que a transpiração é intensificada protege a planta contra a perda excessiva de água na forma de vapor. Na prática, dificilmente uma bolha de ar expande a ponto de interromper o fluxo de seiva, pois as bolhas de ar não atravessam os poros e a água pode desviar da bolha de ar e ascender, além de seguir para condutos vizinhos.

O vaso é recuperado e no dia seguinte pode estar apto para novo transporte de seiva. O grande enigma é como os vasos são recuperados. Um dos mecanismos de recuperação dos vasos é a pressão radicular, principalmente em plantas herbáceas, no entanto, em plantas de grande porte com alturas elevadas, a recuperação do vaso cavitado não ocorre por ação da pressão radicular, pois esse processo não apresenta pressão suficiente para elevar a coluna de água a grandes alturas. A passagem da bolha de ar pela placa perfurada que oferece maior resistência ao transporte em relação aos vasos pode contribuir para a dissolução da bolha de ar.

Quando os vasos sofrem cavitação podem promover o que se chama de "*runaway cavitation*" (cavitação gerando mais cavitação). A transpiração gera uma força tênsil que é propagada para todos os vasos do xilema. Caso metade dos vasos tenham sido cavitados anteriormente, a força tênsil será posteriormente desenvolvida sobre metade dos vasos. Essa força em metade da área faz com que a tensão seja duplicada. Portanto, a cavitação gera cavitação e ocorre um favorecimento do aumento da força tênsil nos vasos aptos à condução, de forma que a cavitação pode promover um efeito cascata, ou seja, cavitação gerando mais cavitação.

Pressão radicular e gutação

A pressão radicular é responsável por 10% da seiva que chega às folhas de algumas espécies. Para que ocorra absorção da água, a condição fundamental é que exista um gradiente de potencial hídrico entre o solo e a raiz. O acúmulo de íons que ocorre no estelo resulta em estabelecimento do gradiente de potencial hídrico entre estelo, córtex e solo. O gradiente é suficiente para absorção de solução do solo que se acumula no estelo ao ponto em que a seiva ascende com pressão positiva. Esse processo é denominado de pressão radicular. A seiva que ascende à parte aérea é absorvida pelas células que possuem capacidade limitada de absorção em função da resistência da parede celular. Após absorção da seiva, a solução excedente é expelida por estruturas denominadas hidatódios, que se localizam nas terminações do xilema, formando gotas nas superfícies das folhas, processo conhecido como gutação. A pressão radicular possui magnitude de 0,05 a 0,2 MPa, no entanto 2/3 da pressão é utilizada para superar a resistência existente no transporte e, por esse motivo, a altura da coluna de água em função da pressão radicular é baixa.

Ocorrência da pressão radicular

A pressão radicular exerce pouca importância quantitativa na ascensão de seiva para muitas das espécies vegetais, no entanto, em casos específicos, possui razoável importância e pode auxiliar na reversão da cavitação. As condições necessárias para ocorrência de pressão radicular são descritas a seguir.

Fertilidade do solo e disponibilidade de água

O acúmulo de íons no estelo é necessário para estabelecimento do gradiente de potencial hídrico entre raiz e solo, portanto, é indispensável a disponibilidade de nutrientes no solo para consequente absorção e acúmulo no sistema radicular. A disponibilidade de água no solo é indispensável para ocorrência da pressão radicular, pois a água é o meio de dissolução dos íons que se acumulam no estelo. Dessa forma, é importante a presença de água para diluição dos íons e transporte destes para o interior da planta, além disso, é necessário ter água disponível para absorção e ascensão pela diferença de pressão.

Ausência de transpiração

Para que ocorra pressão radicular, é extremamente necessária a ausência da transpiração, pois sua presença não permite o acúmulo de íons no estelo e, consequentemente, a formação do gradiente de potencial hídrico entre sistema radicular e solo. A transpiração estabelece uma força de tensão ao longo do xilema que resulta em gradiente de potencial hídrico entre solo e raiz suficiente para absorção e arraste de nutrientes e água (solução) para parte aérea do vegetal, sendo assim, como a transpiração promove o arraste de nutrientes, estes não se acumulam no estelo e o requisito da pressão radicular é desfeito. Dessa forma, é possível inferir a respeito dos horários em que a pressão radicular ocorre em função do conhecimento dos momentos de intensa transpiração.

Capilaridade

A capilaridade refere-se à capacidade que os fluidos têm de subir ou descer em tubos extremamente finos. Essa ação permite aos líquidos fluírem mesmo contra a força da gravidade. Se um tubo que está em contato com a água for fino o suficiente, a combinação de tensão superficial, causada pela coesão entre as moléculas do líquido e adesão do líquido à superfície do tubo, pode fazer a água subir. A altura de elevação em um tubo capilar é inversamente proporcional ao raio interno do tubo. As forças capilares atuam em solos úmidos alcançando alturas variadas a depender das propriedades do solo.

Figura 3 – Mapa de memorização: processos de absorção, transporte e perdas de água pela planta

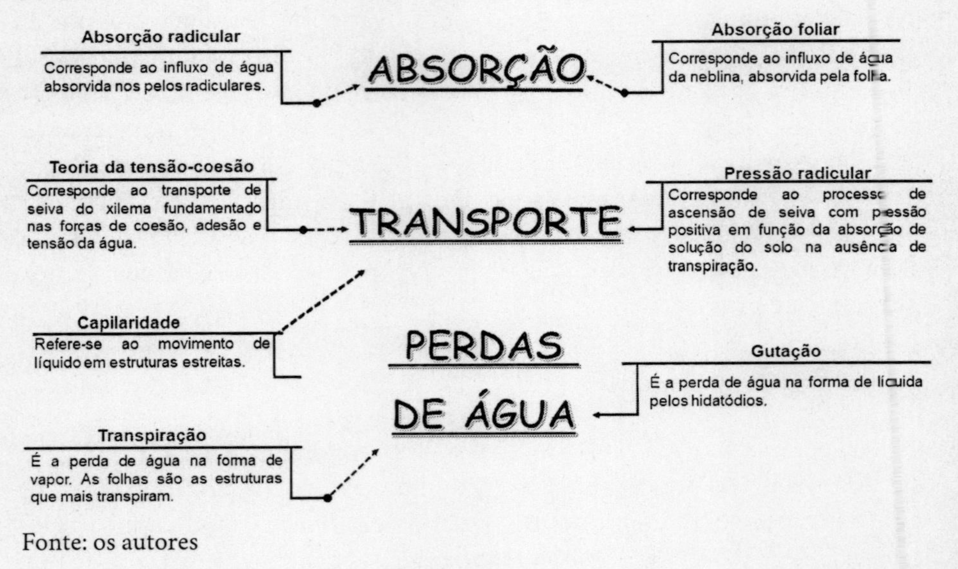

Fonte: os autores

Cutícula

A cutícula é uma camada lipídica que reveste os órgãos aéreos das plantas. Ela recobre a epiderme das folhas e é estruturalmente formada por cutina e ceras cuticulares do tipo epicuticular e intracuticular conforme Figura 4. A cutícula é consequência do processo de adaptação das plantas ao ambiente terrestre, pois nesse processo foi necessário desenvolver mecanismos de conservação de água nos tecidos por meio do desenvolvimento de proteção hidrofóbica. A cutícula é altamente eficiente no controle da perda de água pela planta, pois a composição hidrofóbica impõe forte resistência, de modo que a transpiração via cutícula quase nunca supera os 5% do total de água perdida para a atmosfera. Geralmente a transpiração cuticular fica em torno de 2% do total.

A espessura da cutícula é maior em plantas adultas e menor em plantas jovens, inclusive a recomendação de uso de herbicida é para plantas daninhas ainda jovens, pois a cutícula não totalmente desenvolvida em espessura facilita a passagem do produto. As plantas submetidas a estresses abióticos, tipo déficit hídrico, apresentam maior espessura da cutícula para evitar perda excessiva de água e consequente desidratação.

Quanto maior a espessura da cutícula, maior o trajeto da água a ser transpirada e, por isso, menor é a transpiração. A composição também apresenta grande influência, pois a composição com n-alcanos e maior conteúdo de ceras torna a cutícula menos permeável e dificulta a transpiração, enquanto isso, a predominância de terpenos torna a cutícula mais permeável e, portanto, com maior transpiração. Algumas cutículas com predominância de terpenos nas ceras refletem radiação solar em comprimento de onda diferente da região verde-amarelo (550 nm), daí a superfície parece branca e evita a atração de insetos, efeito dissuasor.

A composição da cutícula é dinâmica, de modo que a planta promove variações na produção de compostos em função das condições ambientais. Sob baixa umidade relativa do ar, alta radiação solar e temperatura elevada, a cutícula se mantém com baixa permeabilidade para evitar perda excessiva de água. Em condição da alta umidade relativa e temperatura amena, é comum a cutícula apresentar maior permeabilidade, pois o gradiente de perda de água é menos acentuado.

Figura 4 – Modelo esquemático dos componentes da cutícula

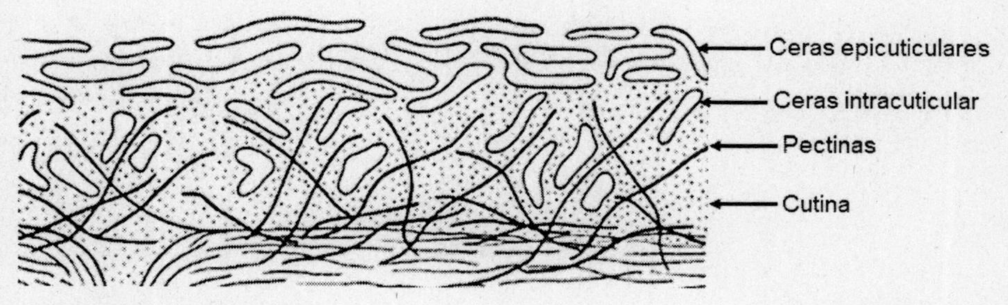

Fonte: Elevagro (2023)

Fisiologia dos estômatos

A maior parte das pesquisas preocupa-se apenas com a disponibilidade de água no solo, no entanto a água na atmosfera é tão importante quanto a água no solo. As plantas terrestres estão em ambiente potencialmente favorável à perda de água. O controle da perda de água é feito, principalmente, pelos estômatos. Quando os estômatos se fecham, eles limitam grandemente a transpiração, porém, paralelamente, também restringem a entrada de CO_2 para a fotossíntese. Nas plantas, os estômatos evoluíram no sentido de maximizar as trocas gasosas, minimizando a perda de vapor--d'água e aumentando o influxo de CO_2. Esse é o fundamento da abertura e do fechamento estomático: manter dentro de certos limites a maximização das trocas gasosas.

Qualquer órgão clorofilado (pode ser caule herbáceo, pecíolo, flor, fruto e principalmente folha) apresentam estômatos. Em folhas, as células epidérmicas possuem cloroplastos. Geralmente as células epidérmicas são aclorofiladas, com exceção das chamadas "células-guarda", que formam os estômatos.

Em uma folha é comum encontrar estômatos na epiderme superior, inferior ou em ambas. Quando há estômatos apenas na epiderme inferior, as plantas são chamadas hipoestomáticas, apenas na epiderme superior são epiestomáticas, nas duas epidermes em quantidades iguais são anfiestomáticas ou quando nas duas epidermes em quantidades diferentes são anisoestomáticas. As plantas aquáticas e de ambientes muito úmidos com elevada disponibilidade de água tendem a ser epiestomáticas.

Densidade estomática

É dada pelo número de estômatos por unidade de área. É uma importante variável em análises fisiológicas, principalmente em condição de estresse abiótico. A Tabela 3 mostra a densidade estomática de diferentes espécies vegetais.

$$DE = \frac{n^\circ\ estômatos}{área\ foliar}$$

Índice estomático

O índice estomático, diferentemente da densidade estomática, apresenta uma alta herdabilidade e pouco responde a flutuações do ambiente.

$$IE = \frac{n^\circ\ estômatos}{n^\circ\ estômatos\ + n^\circ\ células\ epidérmicas\ totais}$$

Tabela 3 – Densidade estomática nas epidermes adaxial e abaxial de espécies vegetais

Espécie vegetal	Densidade estomática (mm^2)	
	Abaxial	Adaxial
Soja	293	127
Alfafa	138	169
Eucalipto	600	90
Feijoeiro	120	15
Milho	66	34
Girassol	258	198
Sorgo	113	74
Fumo	120	50
Carvalho	550	...
Cebola	175	175
Cafeeiro Catuaí	198	...
Cafeeiro Conilon	227	...
Cana de açúcar	100	60

Fonte: os autores

Células-guarda

As duas células reniformes representam a primeira impressão intuitiva da palavra "estômatos". As células-guarda dependem funcionalmente de um grupo de células adjacentes, as células anexas ou subsidiárias.

O estômato se abre a partir da expansão celular que ocorre no sentido das setas conforme demonstrado na Figura 5. Quando as células se expandem, permitem o aparecimento de uma abertura chamada de poro estomático ou ostíolo. Esse poro tem dimensões variadas em função do grau de abertura ou fechamento do estômato.

Figura 5 – Ilustração das células-guarda que formam os estômatos

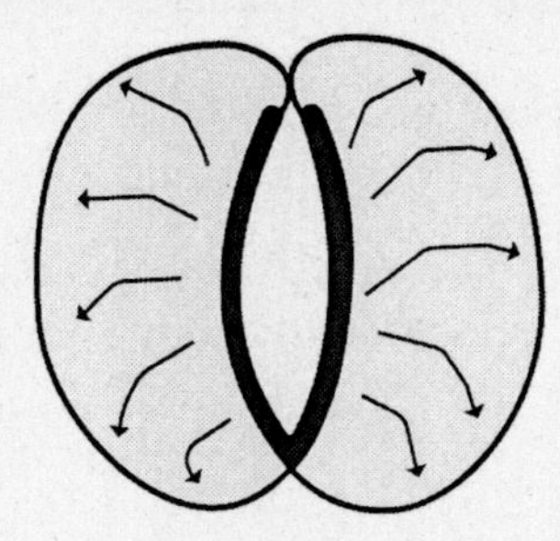

Fonte: os autores

Mecanismo de abertura e fechamento dos estômatos

É importante frisar a existência de espessamento diferencial na parede celular das células-guarda. Na face voltada para o poro, a parede celular é muito mais espessa em relação à face oposta ao poro. Nesse caso, quando ocorre entrada de água nas células-guarda, ocorrerá aumento de volume. A parede na face voltada para o poro é muito rígida e na face oposta é bem elástica, dessa forma, a expansão ocorrerá de dentro para fora.

As células-guarda apresentam um padrão de nicelação radial. As fibrilas de celulose estão orientadas radialmente. Com essa orientação radial, a expansão no sentido das fibras de celulose é muito mais facilitada que a expansão no sentido perpendicular ao das fibras. Essa nicelação radial (esse padrão de deposição de fibrilas de celulose) favorece a abertura dos estômatos pela expansão das células-guarda de dentro para fora, ou seja, radialmente. Assim, ao se expandirem, determinarão o aparecimento do poro estomático. Porém, para que ocorra abertura estomática, é necessário o aumento do volume das células-guarda graças à entrada de água. Quando esse aumento é suficientemente grande, o poro estomático surge.

O mecanismo de funcionamento dos estômatos depende das células subsidiárias ou células anexas. Quando as células-guarda se expandem, comprimem as células subsidiárias pelo íntimo contato entre ambas conforme demonstrado na Figura 6. Inicialmente, a célula-guarda absorve água e seu volume aumentará, mas isso não se traduz em expansão porque a pressão exercida pelas células subsidiárias impede que ocorra a expansão da célula-guarda. É necessário que mais água entre na célula-guarda para aumentar a pressão hidrostática interna e, por fim, se expandir contra a pressão exercida pelas subsidiárias.

A abertura estomática pode ser dividida em duas fases:

a. uma fase de tensão (quando a pressão hidrostática ainda não é suficientemente elevada para empurrar, deslocar as células subsidiárias);

b. uma fase motora, quando a pressão hidrostática nas células-guarda alcança uma magnitude suficientemente alta para se expandir contra a pressão exercida pela célula adjacente.

Figura 6 – Ilustração do complexo estomático com células guarda e subsidiária

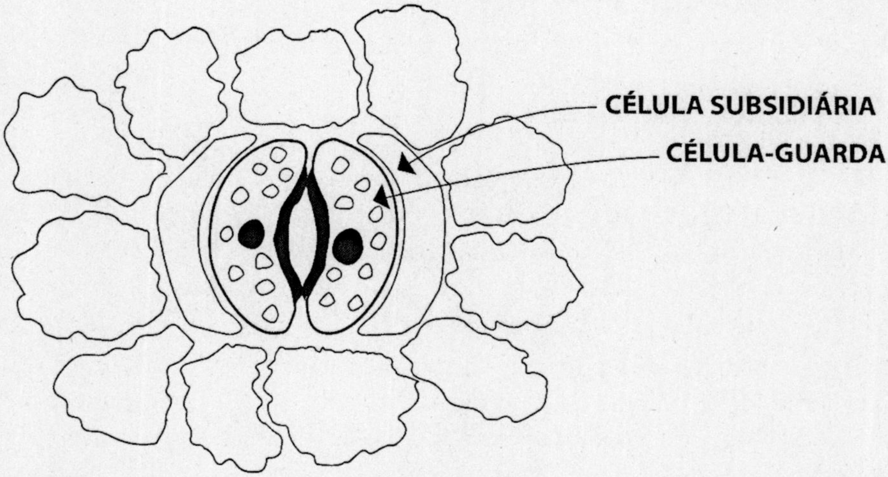

Fonte: os autores

Quando as células-guarda se expandem após absorção de água, boa parte dessa água foi absorvida das células subsidiárias. O estômato fecha-se quando anteriormente perde água e essa água perdida em grande parte foi para as células subsidiárias.

No fechamento, como a célula subsidiária ganha água das células-guarda, a pressão da célula subsidiária favorece também o fechamento estomático. Isso porque aumenta a pressão desenvolvida pelas células subsidiárias, comprimindo a célula-guarda.

Para que ocorra essa absorção ou perda de água das células-guarda para subsidiárias, é necessário um gradiente de potencial hídrico. De que forma esse gradiente é gerado? Sabe-se que a concentração de potássio nas células-guarda pode ser até oito vezes maior quando o estômato está completamente aberto em relação ao estômato fechado. Antes de o estômato se fechar, o potássio sai das células-guarda e vai para as células subsidiárias.

Mecanismo de abertura

A absorção de potássio pelas células-guarda e consequente absorção de cloro ou malato para neutralizar a carga positiva do potássio resulta em redução do potencial osmótico e hídrico nas células-guarda, e isso é suficiente para o estabelecimento do gradiente de potencial hídrico entre células-guarda e células subsidiárias. Como consequência, ocorre aumento do turgor nas células-guarda, redução da turgidez das células subsidiárias e abertura estomática.

Mecanismo de fechamento

O efluxo de potássio e cloro ou malato das células-guarda para as subsidiárias resulta em gradiente de potencial hídrico e perda de água das células-guarda para as células subsidiárias e consequente fechamento ou redução da abertura estomática. Existe uma relação de ganho e perda entre as células subsidiárias e as células-guarda.

O malato pode ser formado diretamente na fotossíntese ou pela quebra do amido. As ATPases são importantes para gerar a energia necessária ao acúmulo de solutos. É sobre essas ATPases que o ácido abscísico (ABA), hormônio associado ao fechamento estomático, exerce ação. O ABA inibe as ATPases das membranas das células-guarda e impede que tenha energia suficiente para promover o acúmulo de substâncias iônicas nas células-guarda.

De maneira inversa à ação do ABA, a luz (tanto a luz vermelha quanto a azul) estimula o processo de abertura estomática. A luz vermelha tem uma ação sobre o processo fotossintético e a fotossíntese favorece a abertura estomática, e essa luz azul ativa as ATPases. Então, tanto a luz azul quanto a vermelha tem ação estimulatória sobre a abertura estomática. No entanto a ação da luz azul é maior que o efeito da luz vermelha na abertura estomática.

Algumas evidências indicam que a abertura estomática seria governada pelo acúmulo de potássio e cloreto e/ou malato durante a manhã. Durante a tarde, a abertura estomática, que normalmente é menor que na manhã, seria governada em maior extensão pelo acúmulo de sacarose nas células-guarda. Quando o estômato se fecha no fim do dia, ou a sacarose é rapidamente metabolizada ou convertida em amido. Isso permite um aumento do potencial osmótico na célula-guarda para induzir o fechamento estomático.

Fatores que afetam o movimento estomático

Luz

Ao desconsiderar as interações entre irradiância e outros fatores, a luz tem um efeito promotor sobre a abertura estomática, à exceção das plantas CAM. Nas primeiras horas da manhã, quando a irradiância vai aumentando, a condutância estomática também aumenta. De maneira geral, em plantas C_3 a condutância estomática tende a ser máxima quando a irradiância atinge valores na ordem de 400 μmol^{-2} fótons $m^{-2} s^{-1}$. Para se ter ideia do valor alto ou baixo, no verão ao meio-dia temos uma radiação fotossinteticamente ativa de 2200 μmol^{-2} fótons $m^{-2} s^{-1}$.

Na faixa do visível, a luz vermelha e a azul são as faixas com efetividade sobre o movimento estomático e também são os mesmos comprimentos de onda com faixas espectrais que têm ação sobre a fotossíntese. A abertura estomática é máxima pela manhã, mas no período da tarde a abertura dos estômatos não passa de 25% da abertura máxima da manhã. O aumento da razão luz azul/luz vermelha é maior nas primeiras horas da manhã. Portanto, esse enriquecimento de luz azul em relação à luz vermelha, na manhã, favorece grande abertura estomática quando as condições da atmosfera não permitem que a taxa transpiratória seja elevada.

CO_2

O gás carbônico é substrato essencial no processo fotossintético e o influxo desse gás é dependente da abertura estomática. As condições atmosféricas são quase sempre favoráveis à perda de água com gradientes de efluxo muito superiores aos gradientes de influxo de CO_2. De maneira geral, ocorre uma relação linear, à medida que aumenta a disponibilidade interna de CO_2, ocorre redução da abertura estomática. Reduções na concentração interna de CO_2 geralmente levam a aumentos da abertura estomática.

Temperatura

A temperatura ótima para a maior parte das espécies de metabolismo C_3 está entre 15-30 °C. No entanto as plantas de clima tropical apresentam aumento da abertura estomática até a temperatura alcançar 35 °C, porém algumas espécies apresentam redução da abertura estomática quando a temperatura do ar ultrapassa os 25 °C.

A temperatura *per si* não é um fator determinante para causar abertura ou fechamento estomático. A correta relação é: alta temperatura = alto DPV (déficit de pressão de vapor) = alta taxa transpiratória até a planta rapidamente reduzir a condutância estomática. Com o aumento do DPV, a transpiração tende a aumentar, e para controlar esse aumento da transpiração ocorre redução da abertura estomática. Em um dia com umidade relativa elevada, tem-se baixo DPV, ou seja, menor perda de água da cavidade subestomática para o exterior. Isso é importante, pois os estômatos se abrem, entra CO_2 e pouca água é perdida para a atmosfera. Com isso, a aumenta a eficiência de uso da água.

Ventos

Ventos fortes promovem remoção da camada de ar limítrofe das folhas. Quanto maior a espessura da camada de ar limítrofe que envolve a folha, maior é a estabilidade das trocas gasosas e menor a transpiração. Os ventos fazem com que a camada de ar limítrofe seja constantemente renovada, promovendo o aumento do DPV, pois remove a umidade em torno da folha. Com isso, a transpiração tende a aumentar e para controlar esse aumento da transpiração ocorre redução da abertura estomática. Mas também vale destacar a importância dos ventos secos e dos ventos úmidos, pois o primeiro, ao remover a camada limítrofe, ainda aumenta o DPV, enquanto os ventos úmidos tendem a reduzir o DPV.

Disponibilidade de água

Visto que a abertura estomática só ocorre quando as células-guarda se encontram túrgidas, qualquer alteração na hidratação das plantas afetará o movimento dos estômatos. Os estômatos respondem tanto à disponibilidade de H_2O no solo quanto à disponibilidade de H_2O na atmosfera.

Quanto se tem uma baixa disponibilidade de H_2O no solo nos períodos de seca acompanhada de altas temperaturas, alta radiação solar e baixa umidade relativa, ocorre forte tendência de aumentar a transpiração e, como proteção, a planta reduz a abertura estomática.

Mecanismos de sinalização

No mesmo bioma é corriqueiro encontrar plantas de diferentes espécies com enorme variabilidade no status hídrico. A planta adulta de umburana permanece durante todo o dia com as folhas hidratadas com potencial hídrico elevado enquanto a baraúna, o marmeleiro e a aroeira apresentam ao meio-dia potenciais baixíssimos que chegam a alcançar metade do ponto de murcha permanente. Nessas condições, todas as espécies citadas sobrevivem no mesmo bioma com mecanismos hídricos diferenciados. Basicamente são dois os mecanismos utilizados pelas plantas em condição de baixa disponibilidade de água no solo: a sinalização hidráulica e a sinalização não hidráulica.

Sinalização não hidráulica (plantas isohídricas) – Mecanismo de antecipação

Na sinalização não hidráulica ocorre antecipação ao déficit hídrico severo, pois a redução da disponibilidade de água no solo estimula a produção do ABA no sistema radicular. Esse hormônio é transportado para a parte aérea com a seiva do xilema e funciona como um mensageiro químico, acarretando o fechamento dos estômatos. As plantas isohídricas têm esse mecanismo de antecipação e, por conservarem a água em seus tecidos pela redução da abertura estomática, essas plantas apresentam poucas variações do potencial hídrico ao longo do dia. O pinheiro e algumas espécies de eucalipto apresentam esse mecanismo isohídrico.

Sinalização hidráulica (plantas anisohídricas)

No mecanismo de sinalização hidráulica não ocorre antecipação ao déficit hídrico, pois é necessário que ocorra aumento na tensão de água no xilema para causar o fechamento estomático. Normalmente plantas que têm sinalização hidráulica são chamadas plantas anisohídricas.

O girassol, o feijoeiro, o milho, a soja e o carvalho são exemplos desse tipo de mecanismo anisohídrico. A deficiência hídrica estabelece-se primeiramente para depois gerar uma resposta na planta, criando uma tensão que por sua vez leva ao fechamento estomático. Essas plantas têm uma maior variação diurna do potencial hídrico do que as isohídricas. Geralmente as árvores de florestas úmidas com secas pouco frequentes são anisohídricas, enquanto plantas de regiões com secas frequentes são isohídricas.

Em ensaio com plantas de Eucalipto submetidas à irrigação com diferentes volumes de água é possível observar o mecanismo isohídrico, em que a transpiração decresce rapidamente como em antecipação à escassez de água e o teor relativo de água decai bem timidamente, mantendo a planta hidratada, conforme Figura 7.

Figura 7 – Transpiração diária e teor relativo de água em plantas de Eucalipto com 100 dias de idade submetidas ao déficit hídrico

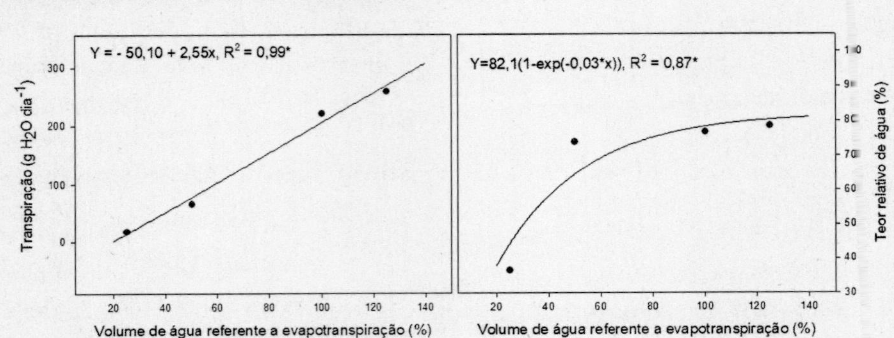

Fonte: os autores

Depressão do meio-dia

Ao meio-dia é comum o fechamento parcial dos estômatos. Ocorre a depressão do meio-dia, que é muito mais bem caracterizada em ambientes fechados em relação aos naturais. Ao meio-dia as condições ambientais reinantes são favoráveis à perda de água por transpiração e, dessa forma, o fechamento parcial dos estômatos minimiza a desidratação.

Idade da folha

A fotossíntese vai aumentando gradativamente à medida que a folha se desenvolve e alcança sua expansão máxima. Esse comportamento vai sendo acompanhado pela abertura estomática. A abertura é máxima quando a folha está totalmente expandida.

Quando a folha começa a entrar em senescência, ocorre queda da fotossíntese e o estômato também acompanha esse decréscimo. A senescência das células-guarda ocorre a taxas menores que as taxas da folha como um todo. Então os estômatos tendem a se fechar quando as folhas envelhecem em decorrência da redução da fotossíntese.

Absorção de água pelas folhas

O déficit hídrico afeta seriamente o crescimento, particularmente para as plantas em regiões áridas e semiáridas do mundo. Além da precipitação, outras águas de forma controlada, como orvalho e nevoeiro, também podem ser absorvidas pelas folhas em um processo conhecido como absorção foliar. Com a escassez severa de água em regiões desérticas, esse processo é cada vez mais necessário.

Estudos têm relatado os processos físicos e fisiológicos de absorção de água foliar, principalmente em espécies do deserto, devido às limitações hídricas impostas e às adaptações morfofisiológicas adquiridas evolutivamente ao longo da existência. No entanto os mecanismos moleculares permanecem menos compreendidos, como os principais canais para a regulação da água, tipo as aquaporinas e a forma de transporte.

Recentemente, com a escassez de água em diversas regiões, a absorção foliar está se tornando cada vez mais importante e indispensável para a sobrevivência das plantas. A compreensão tradicional, em que a água move-se unidirecionalmente a partir do solo por meio de uma planta até a atmosfera (água no sistema solo–planta–atmosfera), tem sido bem estudada há séculos, ao passo que menos se sabe sobre os outros cenários. Técnicas tais como análises de fluxo de seiva, uso de isótopos estáveis, traçadores do fluxo apoplástico e medições ecofisiológicas sob condições de campo e casa de vegetação têm sido usadas para estudar as características físicas e fisiológicas das plantas. No entanto a resposta conclusiva, incluindo o padrão de expressão de genes, ainda não foi totalmente investigada para entender o mecanismo molecular de absorção de água foliar.

Pesquisas em floresta perene no deserto indicam que a absorção de água foliar pode ser uma estratégia importante para mitigar a seca quando ocorre a alta umidade do ar. O fluxo radial de água a partir das raízes pode ser refletido por alterações na velocidade do fluxo de seiva e outros parâmetros fisiológicos. No entanto, como o gradiente de potencial de água é construído para armazenamento de água e acumulação de solutos nas células dessas plantas não estão claras.

Durante o período diurno, com condições de alta transpiração, é geralmente aceito que as forças hidrostáticas que dirigem o fluxo radial de água a partir das raízes e da via apoplástica são predominantes. À noite, quando a transpiração é baixa ou nula, o fluxo de água ocorre por meio do gradiente de potencial hídrico construído pelo acúmulo de solutos. Estudos relataram que a distribuição natural das plantas é correlacionada com a profundidade e corrente de água subterrânea, sugerindo que a água subterrânea, recolhida a partir das raízes, é o principal recurso para algumas plantas do deserto.

Mesmo sob condições de umidade do ar elevada, a absorção de água foliar tem um impacto insignificante em plantas quando a água abundante é fornecida a partir das raízes, como em condições com precipitação ou em ambientes bem irrigados. No entanto a absorção de água foliar não pode ser ignorada, principalmente em casos extremos.

O aumento da umidade relativa do ar durante a noite incrementa o teor de água das folhas, resultando num gradiente de potencial hídrico entre a relação atmosfera–planta–solo que dirige o transporte de água a partir do ar para as folhas. Como principais canais para controlar o teor de água nas plantas, foram selecionados aquaporinas para determinar a sua contribuição para a absorção de água foliar. Durante o dia, o processo de regulação de aquaporinas não diferiu do processo mediado por luz tradicional usando transpiração. Em contraste, durante a noite, a expressão do gene *PIP2-1* foi induzida pelo aumento da umidade relativa do ar, que é independente da luz e transpiração.

A maioria dos biólogos consideram precipitação ocorrendo como chuva ou neve em climas temperados como única fonte significativa de água que contribui para o equilíbrio hídrico no ecossistema terrestre e, portanto, para produtividade. Porém a investigação dessa suposição revela que molhamento das folhas das plantas com nevoeiro e névoa transmitidas pela nuvem ou orvalho pode muitas vezes fornecer um subsídio de água significativo em muitos ecossistemas e, assim, afeta positivamente o equilíbrio da água na planta sem visivelmente aumento da umidade do solo. Além disso, essas formas ocultas de precipitação resultante do filme d'água que se depositam na folha podem impedir lentamente a transpiração.

Os eventos de molhação provocada pela precipitação oculta não podem aumentar muito a disponibilidade de água no solo, pois fornecem apenas quantidades relativamente pequenas de água para a estimativa global de água no ecossistema ou na planta. No entanto, dependendo do momento, essas entradas podem fornecer um subsídio fundamental de água como uma fonte alternativa para as partes aéreas das plantas durante os períodos de déficit hídrico se diretamente interceptada, absorvida e utilizada pela(s) folhagem(s) no local em que a demanda por água é maior. A Figura 8 mostra a importância da água na atmosfera para as espécies vegetais, pois o conteúdo de água em folhas sob borrifação foi maior que em folhas controle sob seca.

Figura 8 – Conteúdo foliar de água de diferentes ramos destacados de espécies vegetais submetidos a borrifação (SP) e controle (CT)

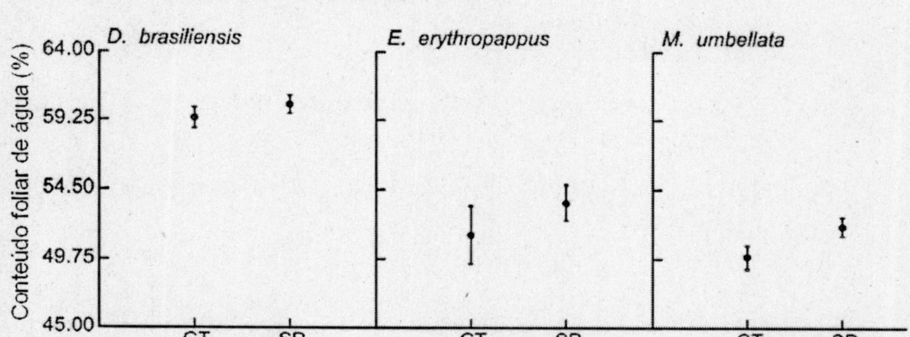

Fonte: Lima (2010)

Geralmente conhecida como absorção foliar, esse tipo de absorção ocorre quando as gotas de água atmosférica aderem nos rebentos das plantas e movem-se ao longo de um gradiente de potencial hídrico a partir do exterior de folhas e caules para os tecidos internos. Tal absorção de água aumenta imediatamente a hidratação foliar (ou seja, o conteúdo de água) e o potencial hídrico da planta. A troca gasosa e outros benefícios fisiológicos da absorção foliar são maiores depois das folhas secas, com aumento da sobrevida e até aumento do crescimento das plantas. Dadas as muitas consequências fisiológicas positivas da absorção foliar, esse mecanismo pode ser uma estratégia de aquisição de água benéfica para as espécies que requerem alto nível de hidratação dos tecidos e vivem onde são frequentes nevoeiro, chuva ou orvalho (Eller *et al.*, 2013).

Exercícios de fixação

1. Diferencie parede celular primária e secundária.
2. De que forma a deficiência hídrica influencia a expansão celular?
3. Você, como engenheiro(a) agrônomo(a), irrigaria uma planta que está apresentando gutação?
4. Relacione a taxa transpiratória de plantas de soja com a produtividade de grãos.
5. Cite e explique cinco fatores que interferem na transpiração das plantas.

6. Qual a importância do potássio e do cloro no movimento estomático?
7. Relacione o calor latente de vaporização e calor específico da água com a estabilidade térmica das plantas.
8. Discorra sobre a retenção de água e nutrientes em solos arenosos e argilosos.
9. Relacione a tensão superficial da água com a absorção de herbicidas e outros produtos químicos.
10. Descreva o processo de ascensão de seiva no xilema.
11. Relacione o fator de desacoplamento com a produtividade agrícola.
12. As raízes de plantas de eucalipto em campo possuem Ψ_s = – 0,95 MPa e Ψ_p = 0,05 MPa. O solo que circunda o sistema radicular possui Ψ_w = – 0,75 MPa. Nessa situação, as plantas absorvem ou perdem água para o solo? Por quê?

Referências

ANATOMIA foliar: sistema vascular. *Elevagro*, [*s. l.*], 28 mar. 2022. Disponível em: https://elevagro.com/conteudos/materiais-tecnicos/anatomia-foliar-epiderme. Acesso em: 10 fev. 2023.

BÍBLIA. Português. *Bíblia Sagrada.* Tradução de João Ferreira de almeida. Versão Nova Almeida Atualizada, Edição Revista e Atualizada – ARA. 3. ed. Barueri: Sociedade bíblica do Brasil, 2017.

DE MELO, M. C. *Crescimento de plantas graníferas sob déficit hídrico e diferentes intensidades luminosas*. 2023. 24f. Trabalho de Conclusão de Curso (Graduação em Agronomia) – Universidade Estadual de Goiás, Ipameri, 2023.

ELLER, C. B.; LIMA, A. L.; OLIVEIRA, R. S. Foliar uptake of fog water and transport belowground alleviates drought effects in the cloud forest tree species, Drimys brasiliensis (Winteraceae). *New Phytologist*, [*s. l.*], v. 199, p. 151-162, 2013.

LIMA, A. L. *O papel ecofisiológico da neblina e a absorção foliar de água em três espécies lenhosas de matas nebulares, SP – Brasil*. 2010. 155f. Dissertação (Mestrado em Biologia Vegetal) – Universidade Estadual de Campinas, Campinas, 2010.

CAPÍTULO III

ESTRESSES ABIÓTICOS

Déficit hídrico

O estresse abiótico se inicia com a variação de um ou mais fatores externos que exercem influência negativa à planta, seja na germinação, no estabelecimento, no crescimento ou na produção. A interpretação do estresse não está unicamente relacionada com a variação do fator ambiental de produção, tipo temperatura, água etc., mas também com os distúrbios causados na planta, pois o estresse abiótico representa o desvio desfavorável ao desenvolvimento vegetal em função da variação da condição ambiental.

Em condições naturais e agricultáveis, as plantas normalmente estão expostas a variações ambientais desfavoráveis, resultando em algum grau de estresse. O déficit hídrico, a salinidade, o estresse térmico e a deficiência de oxigênio são os principais estresses relacionados com o suprimento hídrico que prejudicam o crescimento vegetal de tal modo que a biomassa ou produtividade expressa apenas uma fração do potencial genético das plantas.

A restrição hídrica é a mais importante limitação à produtividade agrícola. Aproximadamente 35% da superfície terrestre é considerada árida ou semiárida por não receber precipitação suficiente para suprimento hídrico adequado às espécies vegetais. As atuais previsões sinalizam para o aquecimento global e aumento dos períodos de seca em inúmeras regiões do planeta. À medida que os recursos hídricos se tornam escassos, o desenvolvimento de plantas tolerantes à seca passa a ser prioridade para obtenção de altas produtividades. A seleção de plantas com eficientes estratégias de tolerância ao déficit hídrico constitui importante ferramenta para o melhoramento genético de plantas (Matos *et al.*, 2014).

A tolerância à seca é uma resultante de várias características morfofisiológicas que se expressam diferentemente dependendo da severidade e do grau de imposição do déficit hídrico, da idade e das condições nutricionais da planta, do tipo e da profundidade do solo, da carga pendente de frutos, da demanda evaporativa da atmosfera e da face de exposição do terreno. Cerca de 97% da água captada pelas plantas é perdida para a atmosfera via transpiração e aproximadamente 2% é utilizada para expansão celular e 1% para processos metabólicos. O crescimento vegetal pode ser limitado tanto pelo déficit quanto pelo excesso de água.

A seca apresenta efeito significativo na redução da fotossíntese nas plantas, pois a redução da abertura estomática minimiza a perda de água, mas reduz os níveis de CO_2 nos cloroplastos. Essa redução no influxo de CO_2 associada à alta intensidade luminosa pode resultar em fotoinibição da fotossíntese, danos oxidativos e redução da fotossíntese. A produção de espécies reativas de oxigênio é favorecida pela redução do Ciclo C_3 gerando um excesso de energia fotoquímica. No entanto tem-se verificado que os danos oxidativos em condições de seca ocorrem em fase de déficit hídrico severo, quando os estômatos estão quase que totalmente fechados.

Os genes relacionados com o aparato fotossintético são pouco expressados em condição de déficit hídrico ameno, porém, quando se comparam seca e salinidade, a expressão de maior número de genes e em maior intensidade é verificada em condição de estresse por sal, possivelmente por envolver múltiplos estresses, como osmótico e hídrico.

O primeiro sintoma da deficiência hídrica é a redução do crescimento em função da importância da água na expansão celular, no entanto a falta ou reduzida disponibilidade de água contribui para a redução da produtividade agrícola. À medida que a disponibilidade de água vai sendo reduzida, aumenta a tendência de redução da abertura estomática, pois como a água passou a ser limitante, a planta minimiza a perda para manter os tecidos hidratados. A redução da abertura estomática limita não só a perda de água, mas também a entrada de CO_2. A limitação do influxo de CO_2 via estômatos resulta em redução da atividade fotossintética, da produção de assimilados e, consequentemente, do acúmulo de biomassa, dessa forma, torna-se notória a forte correlação entre transpiração e biomassa conforme demonstrado na Figura 9 com mudas de teca irrigadas com diferentes volumes de água.

Figura 9 – Ilustração da transpiração e biomassa de mudas[1]

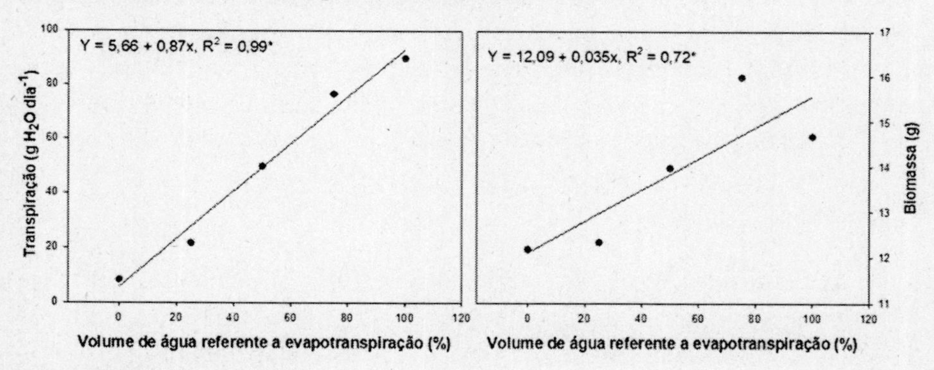

Fonte: Matos *et al.* (2018a)

Crescimento do sistema radicular e sensibilidade estomática

Sob restrição hídrica, a parte aérea é a que primeiro apresenta danos, pois ocorre redução do crescimento e este precede a queda da fotossíntese. Os assimilados, antes destinados à produção de compostos de parede celular e outras estruturas relacionadas ao crescimento, são translocados para o sistema radicular que se desenvolve no sentido da umidade. O desenvolvimento do sistema radicular ocorre de forma diferenciada nos variados tipos de solos e nas formas de manejos adotados, pois a compactação oriunda de manejo inadequado do solo, como excessivo tráfego de máquinas, ou compactação natural, como existentes nos solos coesos dos Tabuleiros Costeiros no Brasil, representa impedimento ao desenvolvimento do sistema radicular.

As plantas possuem sensibilidade estomática variada. Existem espécies com elevada sensibilidade estomática, pois variações na disponibilidade de água no solo e na atmosfera resultam em rápida redução da abertura estomática e outras espécies com baixa sensibilidade estomática, e o estômato responde mais lentamente às variações de umidade no solo e/ou na atmosfera. Essa variação da sensibilidade estomática entre as espécies implica importante cautela na tomada de decisão sobre qual material plantar em determinado local.

O déficit hídrico pode resultar apenas em uma limitação difusiva, ou seja, a planta reduz a abertura estomática e o influxo de CO_2, que resulta em desaceleração no acúmulo de biomassa. Nessas circunstâncias, o restabelecimento da condição hídrica adequada resulta em aumento no acúmulo de

[1] Mudas de *Tectona grandis*, com 100 dias de idade, irrigadas com volume de água referente a 100%, 75%, 50%, 25% e 0% da evapotranspiração.

biomassa. No entanto, em situação de déficit hídrico severo, a limitação pode ser difusiva e bioquímica, pois o aparato fotossintético pode ser danificado e, dessa forma, requerer maior período de tempo para reparo. Nesse caso, o simples restabelecimento da condição hídrica adequada não resultará em rápido acúmulo de biomassa, pois a planta precisará reparar a maquinaria danificada.

Elasticidade da parede celular

A parede celular é uma importante estrutura que, além das várias funções relacionadas com a proteção, tem importante papel nas relações hídricas da célula e da planta, pois em função das propriedades que conferem resistência, a parede celular exerce importância no turgor celular e no crescimento vegetal. As células vegetais apresentam paredes celulares com diferentes níveis de rigidez e, nesse âmbito, é possível destacar as paredes celulares rígidas com elevado módulo de elasticidades (ε) e as elásticas com baixo módulo de elasticidade (ε). Durante o déficit hídrico, as plantas podem ajustar o módulo de elasticidade da parede celular por meio de alterações na composição dessa estrutura. As plantas sob deficiência hídrica reduzem a elasticidade da parede celular, tornando-a mais rígida. Esta alteração tem imensa importância para o vegetal e representa uma estratégia de tolerância *à* seca, pois nos estádios iniciais da restrição hídrica, o aumento da rigidez da parede permite a formação de um gradiente de potencial hídrico suficiente para as plantas absorverem água do solo, mesmo que este tenha baixa disponibilidade. O ajustamento elástico constitui, assim, importante mecanismo de obtenção de água numa situação em que a planta não mais absorveria solução do solo.

Ajustamento osmótico

O ajustamento osmótico refere-se ao aumento líquido na concentração de solutos. Esse aumento líquido não está relacionado com o suco celular mais concentrado pela perda de água e decorrência do menor volume celular, mas sim pela produção de solutos osmoticamente ativos. Uma célula perdendo água apresenta redução de volume e aumento da concentração do suco celular e, nessa circunstância, a redução do potencial osmótico é simplesmente um efeito de diluição, pois não ocorre incremento de solutos. No ajustamento osmótico, a planta passa a produzir solutos como prolina, glicinabetaína e outros osmoticamente ativos e eletricamente neutros.

As células, ao perderem água, desenvolvem gradientes entre as organelas e o citossol com tendência de fluxo hídrico, no entanto determinadas enzimas funcionam sob determinadas concentrações de metal ativador e certo grau de hidratação. A rubisco é uma das enzimas que são ativadas e somente funcionam sob adequada concentração de magnésio. Dessa forma, as organelas e o citossol não podem perder água de forma desordenada, pois isso causaria problemas sérios no metabolismo vegetal. Para evitar tal dano, a planta utiliza de um potente mecanismo de tolerância à seca: o ajustamento osmótico. Ao produzir os compostos osmoticamente ativos, o potencial osmótico e hídrico da célula é reduzido e rapidamente se estabelece um gradiente de potencial hídrico favorável à absorção de água pela célula.

O ajustamento osmótico é importante por estabelecer gradiente de potencial hídrico para absorção de água e por minimizar as perdas, pois os solutos produzidos, ao serem diluídos em água, incrementam o valor do calor latente de vaporização e, dessa forma, minimizam as perdas por transpiração. Sendo assim, esse mecanismo de se ajustar por meio da produção de solutos incrementa a absorção e minimiza a perda de água, de forma a contribuir para a manutenção da hidratação da planta.

Pigmentos fotossintéticos e enrolamento foliar

O déficit hídrico cria um descompasso entre as etapas fotoquímica e bioquímica da fotossíntese e isso resulta em implicações para o desenvolvimento vegetal se nenhum mecanismo de defesa for ativado, pois a redução da abertura estomática para minimizar a transpiração também minimiza o influxo de CO_2 e, nessa condição, a energia luminosa absorvida pelas clorofilas e convertida em energia fotoquímica deixa de ser utilizada na fixação do CO_2 e passa a representar um excesso de energia na planta que precisa ser dissipada. Nessa circunstância, a planta utiliza dos mecanismos de dissipação enzimáticos e não enzimáticos para evitar danos por excesso de energia. A redução de pigmentos fotossintéticos, especialmente as clorofilas e também o enrolamento foliar (hidronastismo) são mecanismos importantes que reduzem a absorção de energia luminosa e a produção de energia química de forma que protege a maquinaria fotossintética da fotoinibição, dessa forma, como a planta não consegue utilizar toda a energia produzida na etapa fotoquímica, minimiza a absorção de energia luminosa para manter uma determinada estabilidade.

A Tabela 4 demonstra claramente a redução do teor de clorofilas (SPAD) em plantas de soja sob déficit hídrico. Essa redução faz-se necessária, pois a redução da abertura estomática comprovada pela baixa transpiração (plantas sob déficit hídrico) limita o influxo de CO_2 e, nessa circunstância, o excesso de energia fotoquímica pode promover danos ao aparato fotossintético, sendo assim, a redução na concentração foliar de clorofilas torna-se importante estratégia de redução da absorção de luz e manutenção da estabilidade vegetal.

Tabela 4 – Teste de médias para as variáveis teor de clorofilas (SPAD), massa seca foliar (MSF), taxa de transpiração (TRANSP) e teor relativo de água (TRA) de plantas de soja cultivadas em vasos de 15 L sob déficit hídrico de 11 dias iniciados em $R_{5.4}$

	SPAD	MSF	TRANSP	TRA
Controle	34,18 a	0,2833 a	526,33 a	70,30 a
Déficit hídrico	25,40 b	0,2967 a	52,00 b	43,25 b

Médias seguidas de mesma letra na coluna não diferem entre si pelo teste de Tukey a 5% de probabilidade.
Fonte: os autores

Discriminação isotópica do carbono (DIC)

O carbono tem quatro isótopos, ou seja, mesmo número de prótons e diferente massa pela variação no número de nêutrons. Os isótopos são: ^{11}C, ^{12}C, ^{13}C e o ^{14}C. O ^{11}C e o ^{14}C são isótopos radioativos enquanto ^{12}C e ^{13}C são normais. O ^{14}C é formado nas camadas superiores da atmosfera e possui meia vida de 5730 anos, e o ^{11}C é usado no exame PET em medicina nuclear. A concentração de ^{12}C na atmosfera é da ordem de 98,9% e de ^{13}C em torno de 1,1%. Em áreas não poluídas esses valores são estáveis.

O CO_2 precisa difundir-se até os sítios de carboxilação para exercer importância na fotossíntese. O ^{12}C difundirá mais rapidamente que o ^{13}C por ser mais leve, pois a difusão é inversamente proporcional à raiz quadrada do peso molecular, portanto, quanto maior a massa molecular, menor a taxa difusiva. A menor velocidade de difusão do $^{13}CO_2$ é o primeiro ponto de discriminação da ordem de –4,4‰, ou seja, para cada mil moléculas de CO_2 que chegam à planta, ao longo de determinado tempo, ocorreria empobrecimento de 4,4 moléculas de $^{13}CO_2$ em relação a $^{12}CO_2$.

O segundo ponto de discriminação é a enzima rubisco, pois esta tem maior afinidade e fixa mais eficientemente o $^{12}CO_2$. A quantidade de $^{13}CO_2$ que chega aos sítios de carboxilação por difusão é menor quando comparada a $^{12}CO_2$, além disso, a rubisco ainda exerce preferência pelo $^{12}CO_2$. Essa discriminação é da ordem de –27 a –30‰. A principal enzima de carboxilação das plantas C_4, a PEP-case, apresenta discriminação em torno de – 5,7‰. A PEP-case discrimina menos que a rubisco e, dessa forma, os tecidos de plantas C_3 são mais empobrecidos de ^{13}C em relação aos tecidos de plantas C_4.

A DIC apresenta estreita relação com a transpiração e tolerância ao déficit hídrico. As plantas com maiores valores de condutância estomática apresentam maiores taxas transpiratórias, menor eficiência de uso da água e maior discriminação isotópica do carbono. Sob déficit hídrico, as plantas reduzem a abertura estomática e a transpiração e ocorre menor influxo de CO_2 a ponto de a rubisco reduzir a discriminação, ou seja, quanto maior a condutância estomática, maior a DIC. Geralmente, quanto maior a fotossíntese, menor a DIC porque o processo de carboxilação consome o carbono rapidamente, gerando uma demanda por CO_2, dessa forma, a rubisco reduz a DIC passando a fixar tanto o $^{12}CO_2$ quanto o $^{13}CO_2$. Podemos, assim, relacionar a discriminação com a produtividade agrícola e muitas outras variáveis, pois quanto maior a condutância estomática, maior a transpiração e o influxo de CO_2, menor a eficiência de uso da água, maior a discriminação isotópica do carbono e maior a produtividade.

Salinidade

A qualidade de muitas fontes hídricas é baixa, principalmente as águas de poços e reservatórios superficiais. Por conter sais solúveis, a água utilizada em irrigações periódicas acarreta incorporação de sais ao perfil do solo. Na ausência de lixiviação, o sal se deposita na zona do sistema radicular e na superfície do solo, decorrente da evaporação da água. A salinidade em solos de regiões áridas e semiáridas expressa preocupação social, econômica e ambiental, uma vez que inúmeras áreas em todo o mundo são afetadas por sais, reduzindo a capacidade produtiva das espécies vegetais (Matos *et al.*, 2013).

Nos cultivos irrigados, o estresse salino é a principal causa da redução da produtividade agrícola, com prejuízos variando conforme a sensibilidade da cultura ao teor de sais. Os estresses abióticos representam a principal causa das baixas produtividades das culturas em nível mundial, reduzindo em mais de 50% os rendimentos médios para a maioria das principais plantas cultivadas. A seca e a salinidade estão se tornando generalizadas em muitas regiões e podem causar a salinização severa de mais de 50% de todas as terras aráveis até o ano de 2050, afetando negativamente o crescimento das plantas e a produtividade das culturas. Nas regiões semiáridas e áridas do mundo, os solos salinos representam grandes problemas ambientais e socioeconômicos, por reduzirem a renda do produtor e intensificarem o fluxo dos agricultores para centros urbanos.

Nos cultivos irrigados do Nordeste brasileiro, a salinidade de extensas áreas é a principal limitação à produtividade das culturas. A qualidade da água de irrigação, associada a evaporação, temperaturas altas e sistema de drenagem das áreas irrigadas inadequado, proporciona rápida formação de terras salinizadas ou alcalinas, impedindo o desenvolvimento de alguns cultivos agrícolas sensíveis, tais como o milho e o feijoeiro.

A alta concentração de sais no solo resulta em redução do potencial osmótico e hídrico, tornando-se mais difícil a extração de água do solo. A dificuldade na aquisição de água pode resultar em redução do crescimento conforme a Figura 10. O estresse salino pode ocasionar déficit hídrico com o agravante do efeito tóxico do sal e desbalanço nutricional. No citossol e nas organelas, as enzimas funcionam com uma concentração adequada de determinados elementos minerais, quaisquer alterações nas concentrações de sais podem resultar em inativação de enzimas. A elevada absorção de Na^+ e Cl^- da solução do solo pode resultar em deficiência de potássio e nitrogênio e interferir na integridade de membrana por alterar a entrada de Ca^{+2} no citossol.

Figura 10 – Ilustração de variáveis de crescimento em plantas de umbuzeiro irrigadas com água de diferentes condutividades elétricas e avaliadas aos 250 dias de idade em casa de vegetação

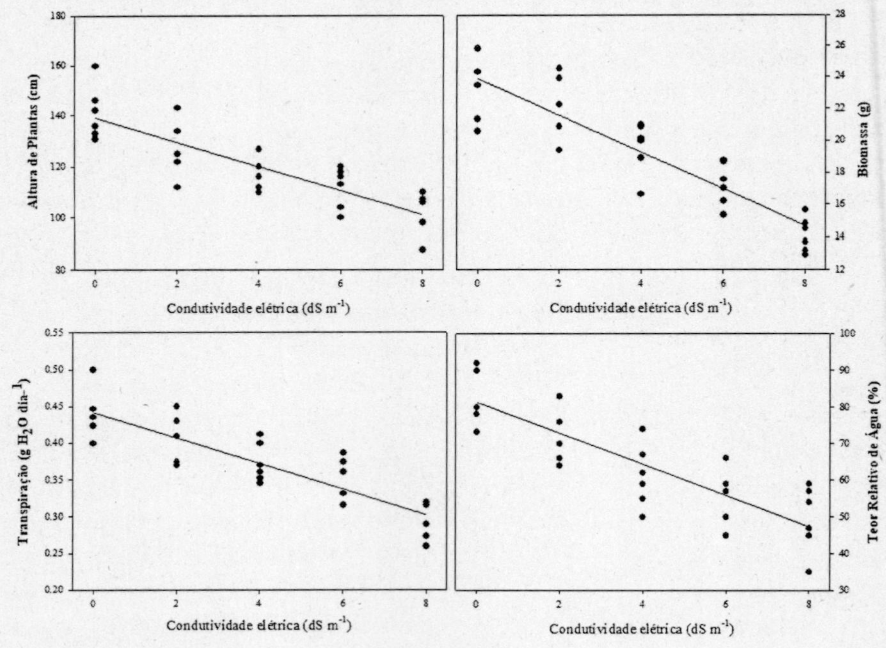

Fonte: Matos *et al.* (2019)

Inúmeros trabalhos classificam as plantas quanto à tolerância à salinidade e várias classificações são utilizadas. Geralmente as plantas que crescem e produzem economicamente sob salinidade igual ou superior a 4 dS m^{-1} apresentam certo grau de tolerância. A manutenção da razão Na^+/K^+ abaixo de uma unidade parece ser condição *sine qua non* para crescer em ambiente salino. As plantas são classificadas quanto à tolerância à salinidade em halófitas e glicófitas. As plantas halófitas (cevada, beterraba, tamareira) são tolerantes à salinidade enquanto as plantas glicófitas (milho, feijoeiro, cebola, alface) são sensíveis à salinidade. As plantas toleram a salinidade utilizando mecanismos que impedem a entrada do sal e/ou glândulas para expelir o sal e o ajustamento osmótico (Matos *et al.*, 2013).

Estresse térmico

Diversos estresses abióticos podem concorrer para aumentar a temperatura da planta e causar estresse térmico. A transpiração é o principal processo de refrigeração da planta, dessa forma, qualquer estresse que afete a taxa de transpiração poderá afetar a temperatura foliar. O déficit hídrico, o estresse salino e a deficiência de nitrogênio são exemplos típicos de situações em que a temperatura foliar pode ser aumentada. Além desses aumentos de forma indireta, o próprio incremento da temperatura do ar pode provocar alterações na planta e resultar em estresse térmico.

A temperatura da superfície terrestre tem aumentado ao longo das últimas décadas em função da acentuação do efeito estufa e provocado alterações climáticas e impactos na produção vegetal, além de riscos à saúde humana e danos socioeconômicos de forma geral. Dióxido de carbono, metano, óxido nitroso e fluorcarbonetos clorados são os principais gases que absorvem radiação eletromagnética e acentuam o efeito estufa. O desmatamento e uso exagerado de combustíveis fósseis, bem como as emissões industriais, como fábrica de cimento, são ações antrópicas que incrementam o efeito estufa. Do período pré-industrial aos dias atuais de 2024, a concentração de dióxido de carbono na atmosfera teve aumento superior a 40% e este responde quantitativamente por 2/3 de todos os gases de efeito estufa. Segundo estudos desenvolvidos em diversos países e documentos do Painel Intergovernamental de Mudanças Climáticas, a temperatura da média global pode aumentar de 2 °C a 6 °C até o final do século XXI em relação ao período pré-industrial.

O aumento de dióxido de carbono *per si* incrementa a fotossíntese C_3 e C_4, bem como o acúmulo de biomassa. Acredita-se que os efeitos do aumento de dióxido de carbono são favoráveis principalmente às espécies arbóreas e demais plantas de metabolismo C_3 que teriam incrementos substanciais de fotossíntese. Isso porque a enzima ribulose 1-5 bifosfato carboxilase-oxigenase (rubisco), responsável pela carboxilação primária no ciclo de Calvin na fotossíntese, não se encontra saturada com as concentrações atuais de dióxido de carbono na atmosfera, dessa forma, o aumento de dióxido de carbono aumentaria a atividade de carboxilação e reduziria a fotorrespiração. No entanto os aumentos de dióxido de carbono não ocorrem de forma isolada como fator único, pois o aumento de temperatura acompanha a elevada concentração desse gás. A temperatura é definidora da vegetação na superfície terrestre e exerce significativa importância no crescimento e desenvolvimento vegetal, dessa forma, aumentos ou reduções de temperatura podem ocasionar estresse térmico (Taiz *et al.*, 2017).

O estresse térmico refere-se ao efeito da temperatura sobre a homeostase da planta. A temperatura possui destacado papel no controle da distribuição da vegetação na superfície terrestre, controla as atividades fisiológicas e exerce fundamental importância na produtividade agrícola.

A maior parte dos tecidos de plantas superiores são incapazes de sobreviver a uma prolongada exposição a temperaturas acima de 45 °C. Em ambiente com luz solar intensa e temperaturas altas, as plantas evitam aquecimento excessivo de suas folhas, reduzindo a absorção de radiação solar. Adaptações foliares, como tricomas refletivos e ceras foliares, enrolamento foliar vertical, folhas pequenas e estômatos na face abaxial atenuam o aumento de temperatura.

As elevações repentinas de temperatura (aumentos de 5 °C a 10 °C) produzem um conjunto único de proteínas, identificado com proteínas de choque térmico (HSPs, do inglês *Heat Shock Proteins*) que protegem as membranas contra danos oriundos das altas temperaturas. Além de interferir na atividade enzimática, a alta temperatura pode incrementar a permeabilidade da membrana e promover extravasamento de eletrólitos. O estresse térmico resulta na inativação de enzimas e distúrbios na maquinaria fotossintética. É indispensável acrescentar que o aumento de temperatura aumenta a respiração em magnitude superior às elevações da fotossíntese e, dessa forma, pode ocorrer mobilização de reservas e o fruto pode tornar-se menos adocicado, porém, a depender da intensidade do aumento da temperatura, tanto a fotossíntese quanto a respiração podem ser afetadas negativamente.

As plantas também apresentam distúrbios em condição de baixa temperatura. Um grande número de espécies não cresce quando submetidas a temperaturas inferiores a 12 °C. A absorção de solução do solo é afetada sob baixas temperaturas em função do aumento da viscosidade da água, além disso, ocorrem reduções na permeabilidade das membranas celulares e na atividade de aquaporinas.

A parte aérea das plantas está sujeita às variações na temperatura do ar, que aumenta no início da manhã até o início da tarde quando inicia um decréscimo e permanece com valores baixos durante o período noturno. A temperatura do solo apresenta o mesmo padrão de variação, no entanto, com menor magnitude em relação ao ar e com significativas diferenças em função de tipo de solo, teor de umidade, argila e matéria orgânica (Nóia Júnior *et al.*, 2018).

Os extremos de temperatura do solo (baixa e alta) interferem decisivamente na redução da fotossíntese em plantas C_3 e C_4 pela influência na abertura estomática e, consequentemente, nas taxas de carboxilação das enzimas. Além disso, pode ocorrer redução do crescimento do sistema radicular, danos ao FSII e extravasamento de eletrólitos celulares.

A temperatura diurna exerce forte influência no crescimento e desenvolvimento vegetal, no entanto é necessário atentar para a temperatura noturna, pois nesse período a planta não realiza a fotossíntese e quaisquer gastos excedentes de energia poderão prejudicar a produção. As elevadas temperaturas noturnas tendem a acelerar a respiração nesse período e consumir os produtos da fotossíntese armazenados durante o período diurno. Nessa condição, é coerente a asserção de que a temperatura noturna acima da condição normal incrementa a respiração de manutenção, ou seja, torna-se energeticamente mais custoso se manter viva, de forma que os processos vitais da planta ficam mais onerosos energeticamente. Para que não ocorram danos maiores e consequente morte, a planta utiliza os carboidratos armazenados na respiração para produção de energia e suprimento dos custos de manutenção. Dessa forma, a planta pode crescer menos e reduzir a produção, pois os assimilados destinados para esses fins foram particionados para manutenção.

Deficiência de oxigênio

Em solos bem drenados, as raízes obtêm o O_2 necessário para a respiração aeróbica, no entanto, em condições de inundação ou compactação do solo, a redução na disponibilidade de O_2 limita a produção de ATP pelo sistema radicular. As plantas cultivadas sofrem danos severos em apenas 24 horas de anoxia (ausência de O_2). A redução da disponibilidade de O_2 (hipoxia) pode resultar em danos às raízes por interferir na respiração em plantas sensíveis. Em células normais, o vacúolo é mais ácido que o citossol e sob deficiência de O_2 o gradiente de pH entre vacúolo e citossol deixa de existir por interferir na ATPase que bombeia prótons para o citossol e prejudica o metabolismo. A redução no pH do citossol reduz a permeabilidade das aquaporinas, interfere negativamente no transporte de água e pode resultar na morte de espécies sensíveis. A menor produção de energia na respiração limita o transporte de auxina e o crescimento do sistema radicular em condição de alagamento, e as auxinas geralmente são transportadas de forma ativa com razoável demanda energética.

Sob condição de alagamento, os tecidos ficam mais sensíveis à ação das giberelinas que promovem intenso alongamento do caule, que, ao alcançar o ar, pode ter o desenvolvimento de lenticelas que facilitam o influxo de O_2 na planta. O desenvolvimento de aerênquimas pelo afastamento das células ou lise celular permite à planta armazenar O_2 e realizar respiração aeróbica, como ocorre em plantas de arroz. Ao longo do tempo evolutivo, as plantas desenvolveram mecanismos de proteção, de forma a atenuar os danos oriundos do estresse. A inundação não se refere a um pequeno excesso de água em curto período de tempo, pois a condição de estresse por inundação aponta para redução significativa dos espaços de ar e excesso de água. Em estudos desenvolvidos com plantas de maracujazeiro irrigadas com até 400% do volume de água referente à evapotranspiração, não se observou danos oriundos de sintomas de estresse, de forma que os espacos de ar podem não ter sido comprometidos, conforme Figura 11.

Figura 11 – Ilustração de variáveis de crescimento em plantas de maracujazeiro irrigadas com diferentes volumes de água (déficit e excesso) e avaliadas aos 50 dias de idade em casa de vegetação

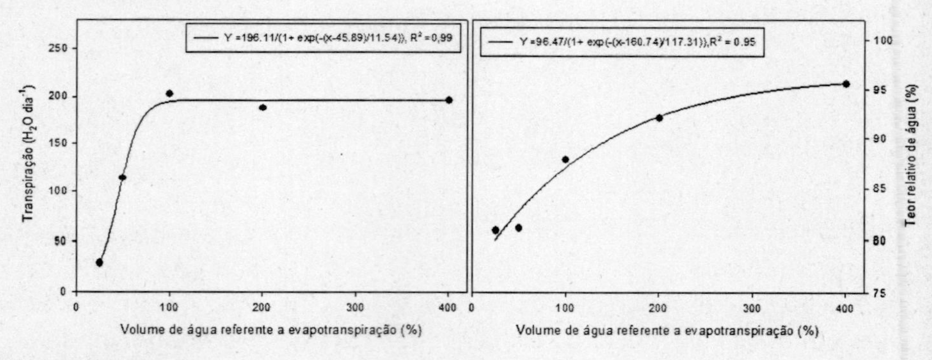

Fonte: os autores

Silício e estresse abiótico

Parede celular, silício e estresse biótico

Em sistemas de produção agrícola, as perdas de âmbito econômico são muito comuns por conta do ataque de pragas e doenças, levando à diminuição na produtividade e, também, a menores valores agregados ao produto final. A adubação silicatada tem sido apontada como uma prática de manejo promissora na redução de severidades às culturas.

O silício (Si) fortifica estruturas da parede celular, aumentando o teor de lignina com ativação de mecanismos específicos, como a produção de fitoalexinas e síntese de proteínas relacionadas a patógenos, e atuando como constituinte da barreira física com ativação rápida e extensiva de mecanismos de defesa das plantas (Ma, 2004).

A resistência das plantas, principalmente antixenóticas (mecânica) e antibióticas (bioquímica), está presente entre as camadas de tecidos existentes entre a epiderme e o floema, e plantas tratadas com Si podem desencadear mecanismos naturais de defesa. A resistência mecânica ocorre quando o Si se acumula na forma de sílica amorfa (SiO_2. nH_2O) com função estrutural e proporciona mudanças anatômicas nas células epidérmicas com maior espessura devido à deposição de sílica nos órgãos de transpiração.

O Si também pode provocar resistência bioquímica nas plantas a partir de mecanismos de defesa com a produção de compostos fenólicos, quitinases, peroxidases e acúmulo de lignina. A lignina proporciona maior suporte mecânico às plantas, reduzindo o consumo dos tecidos por herbívoros devido à capacidade do Si de se ligar à celulose e às proteínas, e provoca redução na digestibilidade dessas substâncias. A queima das bainhas, causada pelo fungo *Rhizoctonia solani Kühn*, é uma das mais importantes doenças que afetam a produção de arroz no mundo. As plantas supridas com Si apresentaram redução dos sintomas dessa doença devido ao aumento da lignificação dos tecidos das bainhas (Ma, 2004).

Os estudos recentes comprovam os efeitos benéficos do Si contra pragas de diversas culturas, quanto ao controle de *Spodoptera frugiperda* (J. E. Smith) no arroz, *Chlosyne lacinia saundersii* (Doubleday e Hewitson) na cultura do girassol, entre outras pragas que, ao se alimentarem com folhas ricas em Si, apresentam grande desgaste da mandíbula, além de maior mortalidade (Ma, 2004).

Em ensaio desenvolvido em Uberlândia, MG, por Jaldin (2023), foi identificado menor número de ovos da lagarta-do-cartucho em plantas suplementadas com silício (Figura 12). A redução foi em torno de 80% de oviposição de *S. frugiperda* (Smith) e demonstra que o silício reduz a preferência para ovoposição das mariposas de *S. frugiperda* (Smith).

Figura 12 – Número médio de ovos (± erro padrão) de *Spodoptera frugiperda* (Smith) em plantas de milho não suplementadas (-Si) e suplementadas com silício (+Si) em uma tonelada por hectare

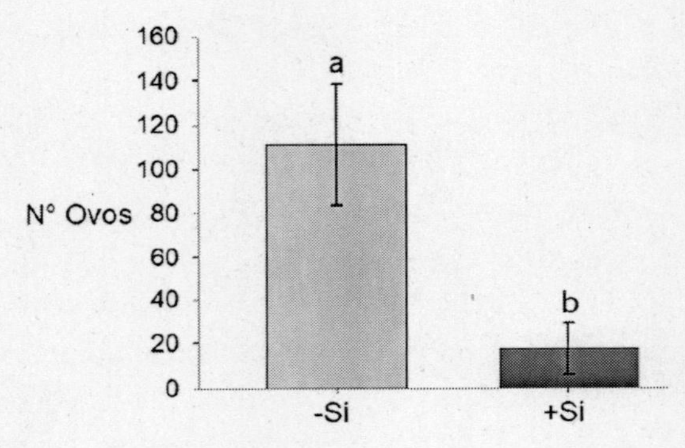

Fonte: Jaldin (2023)

A resistência das plantas às doenças pode ser aumentada por meio das alterações das respostas da planta ao ataque do parasita, aumentando a síntese de toxinas (fitoalexinas). As fitoalexinas são moléculas pequenas produzidas nas plantas após o ataque de micro-organismo ou estresse e desempenham função importante na resistência às doenças e aos insetos. As toxinas acumulam-se rapidamente em altas concentrações no local da infecção, resultando na morte do patógeno. Nas interações patógeno-planta, certos produtos finais da via de biossíntese de flavonoides servem como fitoalexinas nas reações de defesa da planta. O Si tem alto potencial de uso na agricultura, pois, além de promover melhorias no metabolismo da planta, ativa genes envolvidos na produção de enzimas relacionadas com os mecanismos de defesa contra patógenos. A aplicação foliar de Si ou a adição em solos contaminados por agentes patogênicos contribui para o aumento do grau de supressão do solo a patógenos, pode aumentar significativamente a produção e a qualidade do produto colhido. Portanto, a tecnologia do uso de um produto natural, como o Si, revela-se promissora e eficaz na redução da severidade de diversas doenças.

O silício é o segundo elemento mais abundante na crosta terrestre, depois do oxigênio, e tem como principal fonte natural no solo o feldspato, que, ao passar pelo processo de intemperização, libera o ácido silícico (H_4SiO_4), principal forma absorvida pelas plantas. Na natureza, ocorre frequentemente na forma de óxidos (quartzo, ágata, jaspe e opala) e silicatos (hornblendas, asbestos, feldspatos, micas e argilominerais).

O Si não é considerado um elemento essencial para o crescimento e desenvolvimento de plantas. O elemento é classificado como benéfico ou útil para as plantas, não sendo absolutamente necessário no sistema para que seja completado o ciclo vegetal. Esse nutriente tem sido utilizado visando aumentar a resistência de plantas às pragas e doenças, além da influência sob os fatores abióticos, como estresse salino, toxicidade a metais pesados, estresse hídrico, danos devido à radiação, balanço nutricional, entre outras mudanças edafoclimáticas.

Os efeitos benéficos do Si podem ser divididos em físicos e fisiológicos. Os físicos se referem ao acúmulo de Si nas paredes celulares vegetais, melhorando a arquitetura das plantas, reduzindo a perda de água pelos estômatos e dificultando a penetração de patógenos e insetos. Os benefícios fisiológicos relatam o aumento da taxa fotossintética, teores de pigmentos fotossintéticos e da produtividade. No Brasil, o Si tem sido utilizado na forma de diferentes fertilizantes, incluído na legislação para a produção e comercialização de fertilizantes e corretivos como micronutriente benéfico para as plantas, podendo ser comercializado isoladamente ou em mistura com outros nutrientes.

Existem diversas fontes comerciais ricas em Si e passíveis de serem utilizadas para fins agrícolas. Essas fontes são caracterizadas pelo alto conteúdo desse elemento solúvel, facilidade para aplicação mecanizada, boas relações e teores de cálcio e magnésio, baixo custo e ausência de contaminantes do solo com metais pesados. Porém, para suprir essa demanda, há necessidade de identificar fontes mais promissoras de silício disponíveis às plantas. Apesar das quantidades consideráveis na crosta terrestre, o Si solúvel na maioria das classes de solo é escasso, principalmente em solos arenosos, condições em que a aplicação via fertilizantes se torna uma alternativa e pode promover respostas positivas para plantas acumuladoras desse elemento. É importante atentar para a solubilidade dos produtos comerciais disponíveis, bem como para a marcha de absorção da planta, pois o influxo de pequena quantidade pode ser insuficiente para exercer ação elicitora.

Os solos brasileiros, devido ao elevado grau de intemperismo, apresentam em média 5 a 40% de Si em suas composições. O óxido de silício (SiO_2) é considerado o mineral mais abundante nos solos, pois é constituinte básico da estrutura da maioria dos argilominerais. Porém, em função do acelerado grau de intemperismo dos solos tropicais, o Si encontra-se, basicamente, na forma de opala e quartzo. A maioria dos solos, a partir de cultivos consecutivos, podem reduzir a concentração do elemento ao ponto em que o incremento na produção de plantas seja significativo graças às aplicações de Si. Solos mais jovens, como os cambissolos, apresentam maiores teores do elemento; aqueles mais intemperizados, como os latossolos, apresentam baixa disponibilidade do elemento, respondendo de forma satisfatória à adubação.

O processo de transporte de silício é dependente de energia, pois baixas temperaturas podem inibir o metabolismo e transporte. A forma com que o silício é absorvido e acumulado varia de acordo com cada espécie de planta, classificando-as em acumuladoras (gramíneas em geral), com teor foliar de Si acima de 10 g kg^{-1} de matéria seca foliar; intermediárias, com 5 a 10 g kg^{-1} de Si na matéria seca foliar; e não acumuladoras (leguminosas), com teor foliar menor que 5 g kg^{-1} de Si na matéria seca. A quantidade de silício que é acumulada na planta encontra-se em sua grande maioria na forma de difícil solubilização, cerca de 99% na forma de ácido silícico polimerizado em grandes concentrações em tecidos suportes (caules e folhas) e baixas concentrações em grãos.

A adubação foliar de Si pode suprir a deficiência de absorção em algumas espécies de plantas, fornecendo o elemento de forma mais eficiente. O fornecimento de Si via foliar, a partir de pequenas quantidades, torna-se uma alternativa viável, suprindo e estimulando a absorção de outros nutrientes, acarretando maiores estabilidades produtivas, favorecendo o controle de pragas e doenças e tolerância a vários estresses abióticos, principalmente a redução da disponibilidade hídrica, pois a grande maioria da produção de grãos situa-se em áreas de grande ocorrência de veranicos.

É fato que o Si, em sua forma de sílica amorfa ($Si_2.nH_2O$), se acumula na parede celular dos órgãos de transpiração, levando, desse modo, à formação de uma dupla camada de sílica-cutícula e sílica-celulose. Tal camada protetora apresenta relação positiva com a redução da transpiração pela planta, diminuindo a quantidade de água evapotranspirada ao longo do ciclo, tornando a planta menos exigente em água e mais resistente a possíveis situações de seca. Além disso, essa camada protetora formada funciona como barreira de resistência mecânica à invasão de micro-organismos para o interior da planta, aumentando, nesse aspecto, a resistência pelas plantas.

As mudanças nas características dos tecidos de plantas podem ser observadas em algumas espécies, principalmente plantas acumuladoras, pela maior produção de barreiras mecânicas (células epidérmicas mais espessas) em decorrência da deposição de sílica, maior produção de lignina e compostos fenólicos (fitoalexinas) em plantas não acumuladoras. As fitoalexinas são produtos formados por meio de estímulos por vários micro-organismos fitopatogênicos, por injúrias químicas, mecânicas e estresse severo, acumuladas temporariamente em locais da infecção, inibindo a presença de fungos, bactérias e nematoides.

Após a morte celular, esse composto fenólico é liberado formando complexos insolúveis com o Si, movendo-se apoplasticamente para a epiderme, a partir do fluxo da transpiração, acumulando-se na parede celular morta e nas demais células. A deposição do Si aumenta o fortalecimento e a rigidez da parede celular, incrementa a resistência das plantas ao ataque de pragas, doenças e acamamento, melhora a interceptação de luz e diminui a transpiração.

O estresse salino em decorrência do acúmulo de teores de sal no solo ou na água é um dos principais fatores limitantes da produtividade agrícola, devido aos efeitos diretos, os quais podem ser de natureza iônica, osmótica ou de ambas, interferindo no crescimento e desenvolvimento das plantas.

A utilização agronômica de silício (Si) apresenta-se como alternativa viável e benéfica às plantas para mitigar os efeitos nocivos do estresse salino, de forma menos agressiva ao meio ambiente. A palavra-chave para o elemento silício é antiestressante, pois tem ação elicitora com papel importante nas relações planta-ambiente, fornecendo a algumas culturas melhores condições para suportar adversidades edafoclimáticas e biológicas, obtendo como resultado final um aumento da qualidade de produção, por meio de uma série de ações no metabolismo da planta. Durante o estresse salino, a deposição da camada sílica reduz o transporte apoplástico dos íons de Na^+ e Cl^-, no entanto a ação antiestressante desse elemento mineral parece ser eficaz apenas em plantas acumuladoras de silício.

Em estudo com plantas de milho comum em campo submetidas ao déficit hídrico moderado de dois dias e severo de sete dias, sem irrigação e utilizando silicato aplicado via foliar em V8 com diferentes doses, observou-se aumento significativo de produtividade do milho sob deficiência hídrica, indicando que esse elemento pode atuar como elicitor e/ou ativando um tipo de "memória" da planta, que resulta na ação de diferentes mecanismos de defesa, que, por fim, permite à planta produzir sob estresse conforme Figura 13 (Araújo *et al.*, 2022).

Figura 13 – Produtividade de plantas de milho submetidas à aplicação de doses de silício e intensidades de déficit hídrico

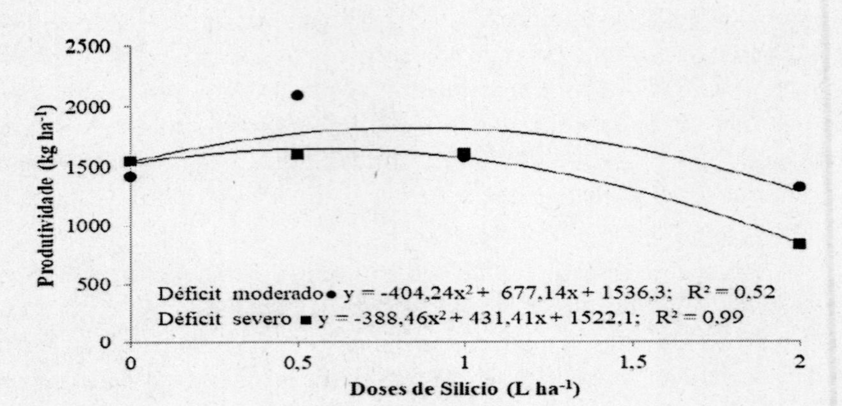

Fonte: Araújo *et al.* (2022)

A absorção de Si por meio da solução do solo estimula várias atividades fisiológicas, quando este é translocado para a parte aérea das plantas, com efeitos no crescimento e desenvolvimento, atividade enzimática e expressão gênica. Em condições de estresses abióticos, a aplicação de Si pode eliminar as espécies reativas de oxigênio (EROs) a partir da regulação da atividade de enzimas antioxidantes, porém a regulamentação depende do tipo da cultura e do tempo de exposição dela ao estresse.

A maior atividade e expressão de enzimas antioxidantes, tais como peroxidases, catalases e outras, são exemplos de como o silício pode diminuir os danos oxidativos. Os componentes não enzimáticos, como ácido ascórbico e compostos fenólicos, também contribuem para mitigar os danos por evitarem a produção de radicais livres, sequestrá-los ou mesmo promover sua degradação. Para algumas culturas foi demonstrado que a adição de silício reduz a peroxidação lipídica, processo decorrente da formação de EROs, contribuindo para a integridade da membrana. Isso indica que o Si pode melhorar a defesa antioxidante por estar envolvido na atividade metabólica das plantas, mesmo em condições de salinidade.

O aumento da disponibilidade de Si tem resultado em incrementos no crescimento e na produtividade, uma vez que o elemento pode atuar de forma indireta sobre alguns aspectos fotossintéticos e bioquímicos, especialmente quando essas plantas estão submetidas a algum tipo de estresse, seja de natureza biótica ou abiótica.

Análise de crescimento

O crescimento vegetal é um importante indicativo do sucesso econômico da produção vegetal, no entanto a estreita relação entre o crescimento e a produção deve ter a devida cautela, pois, apesar de plantas vigorosas apresentarem maior produção, em inúmeras situações isso é interpretado incorretamente, pois muitos profissionais de Ciências Agrárias associam o crescimento com a altura de planta e, em casos não raros, as plantas podem possuir maior altura e menor biomassa total e, assim, apresentar menor crescimento. O aumento irreversível de biomassa é uma forte medida do crescimento. O desenvolvimento refere-se ao crescimento acrescido de diferenciação e, dessa forma, engloba mudanças que ocorrem na planta, da germinação à colheita.

A análise de crescimento constitui importante ferramenta de identificação de tratamentos experimentais promissores por meio da identificação do potencial de determinadas espécies em diferentes circunstâncias ambientais. Essas avaliações têm sido utilizadas por pesquisadores de plantas na tentativa de explicar diferenças no crescimento, de ordem genética ou resultante de modificações no ambiente. Algumas das principais variáveis corriqueiramente utilizadas nas análises de crescimento, com dispêndio de equipamentos de baixo custo, são destacadas a seguir.

Taxa de crescimento relativo (TCR)

É a medida mais apropriada para avaliação do crescimento vegetal por considerar o desenvolvimento vegetal ao longo do tempo e é dependente da quantidade de massa acumulada gradativamente. A TCR (g g^{-1} dia^{-1}) expressa o incremento na massa seca por unidade de massa inicial em um determinado intervalo de tempo.

$$TCR = \frac{lnMS\,2 - lnMS\,1}{T2 - T1}$$

Em que: ln = logaritmo neperiano; MS l e MS 2 = massas de matéria seca nos tempos T1 e T2.

Quando utilizamos a biomassa total da planta, sem considerar as frações individuais, é muito mais complexo comparar os diferentes tratamentos, pois o principal órgão transpirante e fotossintético é a folha, e o de maior massa é o caule. Dessa forma, uma maneira de auxiliar a interpretação é calcular as razões de massa radicular, caulinar e foliar.

Razão de massa radicular (RMR)

A RMR refere-se à fração de biomassa seca alocada para a raiz e é obtida pela divisão da massa seca da raiz pela massa seca total da planta.

Razão de massa caulinar (RMC)

A RMC refere-se à fração de biomassa seca alocada para o caule e é obtida pela divisão da massa seca do caule pela massa seca total da planta.

Razão de massa foliar (RMF)

A RMF refere-se à fração de biomassa seca alocada para as folhas e é obtida pela divisão da massa seca da folha pela massa seca total da planta.

Área foliar específica (AFE)

Quanto maior a AFE, menor a espessura foliar. Por essa análise, pode-se determinar a variação da fotossíntese ao longo do dossel das plantas. Plantas com maior AFE, ou seja, menor espessura foliar, permitem maior transmitância da radiação solar ao longo do dossel, resultando em aumento das taxas fotossintéticas das folhas no interior do dossel e, consequentemente, maior taxa de crescimento relativo. Plantas com menor AFE, ou seja, maior espessura foliar, podem ter maior taxa fotossintética na folha, porém, por serem mais espessas, a transmitância ao longo do dossel é menor e, consequentemente, a distribuição de radiação é dificultada e a fotossíntese como um todo também será menor. Relaciona-se a superfície com a massa seca da própria folha, determinada conforme a equação:

$$AFE = \frac{AF}{MSF}$$

Sendo: AFE = área foliar específica, em $cm^2\ g^{-1}$; AF = área foliar, em cm^2; MSF = massa seca da folha, em g^{-1}.

Razão de área foliar (RAF)

A RAF representa a área foliar da planta (LA) em relação à massa total dessa planta (MST) e se expressa em cm^2 ou $dm^2\ g^{-1}$. O quociente da área foliar varia com a AFE e RMF (quantidade de biomassa alocada para formar a área foliar), e qualquer variação em um deles, ou em ambos, implica alterações da RAF. Maior razão de massa foliar significa maior alocação de biomassa para formação da folhagem. Isso é importante, pois é nas folhas que ocorre a maior fixação de CO_2.

$$RAF = \frac{LA}{MST}$$

ou

$$RAF = AFE \times RMF$$

Índice de área foliar (IAF)

O IAF é a área foliar projetada sob a superfície do terreno (solo). Por exemplo, se o IAF é 4, temos 4 m^2 de folha por m^2 de terreno. Nos períodos posteriores à germinação, o IAF vai aumentando progressivamente com o desenvolvimento da cultura e atinge valor ótimo para o ganho de biomassa da planta. No entanto o aumento do IAF, além do patamar ótimo, gera redução no ganho de biomassa pelo aumento do fator de desacoplamento.

Índice de colheita (IC)

O fator mais importante, do ponto de vista agronômico, é permitir que uma cultura tenha aumento em seu índice de colheita, pois representa a biomassa do órgão de interesse econômico em relação à biomassa total.

$$IC = \frac{Biomassa\ do\ orgão\ de\ interesse}{Biomassa\ Total}$$

O IC é um quociente frequentemente utilizado para medir a eficiência de conversão de produtos sintetizados em material de importância econômica. Na soja é a massa de grãos em relação à biomassa total da planta; no tomate é a massa do fruto em relação à biomassa total da planta; na mandioca seria a massa das raízes em relação à biomassa total da planta; na batata é a massa do tubérculo em relação ao total da planta.

Duração de área foliar (DAF)

$$DAF = [(LA1 + LA2) \times (t2 - t1)]/2$$

O aparato fotossintético das plantas é formado por folhas que determinam a produtividade do vegetal. Com isso, o crescimento das plantas é dependente do tempo em que é mantida ativa a área foliar. A DAF difere entre os vegetais, de forma que nas espécies caducifólias a duração da área foliar é menor (perda de folhas na estação seca ou inverno). Algumas outras variáveis de crescimento podem ser mensuradas no intuito de auxiliar na interpretação de dados, bem como ajudar o pesquisador na compreensão da marcha de absorção de determinados elementos minerais: **taxa assimilatória líquida**, **taxa de absorção específica** e **produtividade primária líquida**.

Ecofisiologia da análise de crescimento

A luz, os nutrientes e a água são alguns fatores primários que interferem na alocação de biomassa nas plantas. O equilíbrio funcional nada mais é que a planta alocar biomassa em direção daquele órgão (parte aérea ou raiz) para maximizar a captação de água, luz ou nutrientes.

Luz

Em lugares mais sombreados, as plantas geralmente alocam mais biomassa para a formação de folhas, justamente para incrementar a absorção de luz. Quando se tem um ambiente com muita luz, a alocação de biomassa é em grande parte direcionada para a raiz, pois a planta não precisa investir tanto em folhagem pelo fato de uma menor quantidade de folhagem estar garantindo taxa fotossintética razoável.

Nutrientes

Com redução na disponibilidade de nutrientes, as plantas direcionam recursos para o sistema radicular para maximização da absorção, de forma que a razão de massa radicular tende a aumentar com menor disponibilidade de nutrientes.

Água

Em situações de deficiência hídrica, ocorre redução na iniciação de novas folhas, e as folhas formadas, por sua vez, desenvolvem-se menos, ou seja, ocorre redução do índice plastocrônico e do índice filocrônico. A alocação de biomassa tende a ser direcionada para o sistema radicular, que cresce em profundidade no tocante à umidade.

Senescência foliar

A senescência é diferente da necrose, embora ambas levem à morte. A necrose é a morte provocada por dano físico, venenos ou outra lesão externa, é a morte devido a um trauma. A senescência, ao contrário, é um processo geneticamente controlado e estreitamente relacionado com a longevidade da folha, mas pode ser acelerado ou retardado por estímulos abióticos (água, luz, nutrientes e fotoperíodo). O processo de senescência pode ser interpretado como resultado de um desvio da condição normal de desenvolvimento do vegetal (estresse) e reduzir o número de folhas, interferindo negativamente no crescimento e rendimento das plantas, mas também pode ser compreendido como uma etapa fenológica, que marca o fim da longevidade foliar com remobilização e transporte de reservas de forma ordenada para órgãos em crescimento. Nesse caso, torna-se necessário o desenvolvimento de estudos para a compreensão quantitativa e correlação entre as reservas remobilizadas com o rendimento do órgão de interesse econômico. Uma terceira linha de interpretação é o especificado em plantas de *Jatropha curcas* e que certamente ocorre em inúmeras espécies nativas quando no período de folhas verdes predomina a produção de frutos, e durante o período de folhas senescentes as reservas são particionadas para produção de látex e outros metabólitos secundários.

Ao adquirimos uma muda de determinada espécie vegetal de nosso interesse, antes de plantar buscamos uma seleção do local com os devidos cuidados com incidência de luz, água e temperatura. Costumamos popularmente dizer que a muda "pegou" ou "firmou" quando ocorre emissão do primórdio foliar ou, na linguagem popular, "emissão do broto". Apesar de atentarmos apenas para a emissão do broto, não levamos em consideração que antes proporcionamos condições adequadas para que a planta emitisse novas folhas. Algumas dessas condições, além da importância como fator de crescimento, têm função de sinalização para emissão de novas folhas, tipo: água, luz e temperatura.

De forma semelhante, alguns fatores de produção, como água, luz, temperatura e nitrogênio, estando em intensidades inadequadas, representam a emissão de sinal para a senescência foliar ocorrer. A senescência foliar é um processo geneticamente controlado e estreitamente relacionado com a longevidade da folha, mas pode ser acelerado ou retardado por estímulos abióticos. O processo precoce de senescência pode ser interpretado como resultado de um desvio da condição normal de desenvolvimento do vegetal (estresse) e reduzir o número de folhas, interferindo negativamente no crescimento e rendimento das plantas, mas também pode ser compreendido como uma etapa fenológica, que marca o fim da longevidade foliar com remobilização e transporte de reservas de forma ordenada para órgãos em crescimento.

A senescência não deve ser vista como um processo prejudicial à planta, pois representa parte do desenvolvimento vegetal em que inúmeras partes, como folhas, sépalas, pétalas e frutos, alcançam o fim da vida útil.

As espécies vegetais apresentam longevidade foliar diferente e definida geneticamente, no entanto o processo pode ser induzido por estímulos ambientais com posteriores alterações endógenas, pois durante o processo de senescência a assimilação do carbono é metabolicamente substituída pelo catabolismo de clorofila, proteínas, lipídios de membrana e RNA. Estudos ultraestruturais mostram que os cloroplastos são as primeiras organelas a serem desmanteladas, enquanto as mitocôndrias e o núcleo permanecem intactos até os estágios finais da senescência foliar (Tamary *et al.*, 2019).

O aumento da atividade catabólica é responsável por converter os materiais celulares acumulados durante a fase de crescimento da folha em nutrientes exportáveis que são fornecidos ao desenvolvimento de sementes ou a outros órgãos em crescimento (Woo *et al.*, 2019). Os processos de degeneração e remobilização que ocorrem concomitantemente são, portanto, extremamente organizados e altamente coordenados (Kalra; Bhatla, 2018).

As espécies vegetais de ciclo curto cultivadas nos períodos de safra e safrinha no Cerrado brasileiro, bem como as oleráceas, frutificam uma única vez e morrem mesmo que as condições ambientais continuem favoráveis ao desenvolvimento. Nesse grupo não se encontram apenas plantas herbáceas, mas também muitas espécies de agaves e touceiras de bambu, as quais podem demorar dezenas de anos para florescer e frutificar, porém, quando o fazem, morrem em seguida (Kerbauy, 2004). Para as árvores e outras plantas perenes presentes no Cerrado brasileiro, a senescência foliar pode ser seguida pelo esplêndido cenário de outono das mudanças de cor da planta pela floração de ipês (*Handroanthus* spp.).

Nas plantas anuais, os nutrientes resultantes do catabolismo no processo de senescência são fornecidos para o desenvolvimento de sementes. Nas plantas perenes, os nutrientes são realocados para os caules ou as raízes, que são usados como recursos de armazenamento para iniciação de novas folhas ou flores na próxima estação (Woo *et al.*, 2019). Assim, embora a senescência foliar seja um mecanismo deletério para a folha, ela pode ser vista como um processo altruísta, pois contribui para adequação da planta à condição ambiente vigente, assegurando produção ótima de descendentes e melhor sobrevivência de plantas em suas regiões temporais e nichos espaciais (Kerbauy, 2004).

Em *Jatropha curcas* L. é possível observar que o processo de senescência foliar está intimamente interligado com eventos fenológicos maiores a nível de planta inteira, e que não representa apenas um processo degenerativo de término do ciclo da folha. No Cerrado brasileiro, o período frio iniciado em abril e estendido até o mês de agosto é caracterizado pela redução da temperatura, baixa precipitação e umidade relativa do ar. Essa condição de inverso frio e seco é também comum na Zona da Mata Mineira na região de Viçosa, MG, onde a espécie apresenta características semelhantes às encontradas no Cerrado. As plantas de *J. curcas* nesse período apresentam senescência foliar na qual remobilizam nutrientes e promovem alocação de reservas para o caule, assim, culminam com maior produção de compostos secundários.

No período frio, a planta sem folhas e com ausência de frutos certamente direciona as reservas para produção de látex, e a presença de nitrogênio e aminoácidos no látex de *J. curcas* alicerça essa asserção, pois o alvo inicial da senescência é o cloroplasto e nessa organela está cerca de 75% do nitrogênio presente nas células do mesofilo. Segundo Almeida *et al.* (2019) e Matos *et al.* (2018b), a maior produção de látex em plantas de *J. curcas* ocorre nos meses posteriores ao início da senescência foliar, entre maio e outubro, de forma que, fisiologicamente, a produção de látex e a senescência estão intimamente interligadas conforme demonstrado na Figura 14. Nesse caso, é importante atentar para a importância do composto secundário produzido em período de senescência e a perfeita sincronia da planta com as condições ambientais, pois sob baixa temperatura e déficit hídrico no inverno, as folhas senescem, a planta reduz a perda de água para a atmosfera e evita a desidratação; em contrapartida, parte dos compostos e nutrientes oriundos da remobilização são direcionados à produção de látex.

Figura 14 – Comparação da produção média de látex realizada em 10 meses, utilizando o teste de Kruskal-Wallis. As médias seguidas pela mesma letra não diferem pelo teste de Kruskal-Wallis

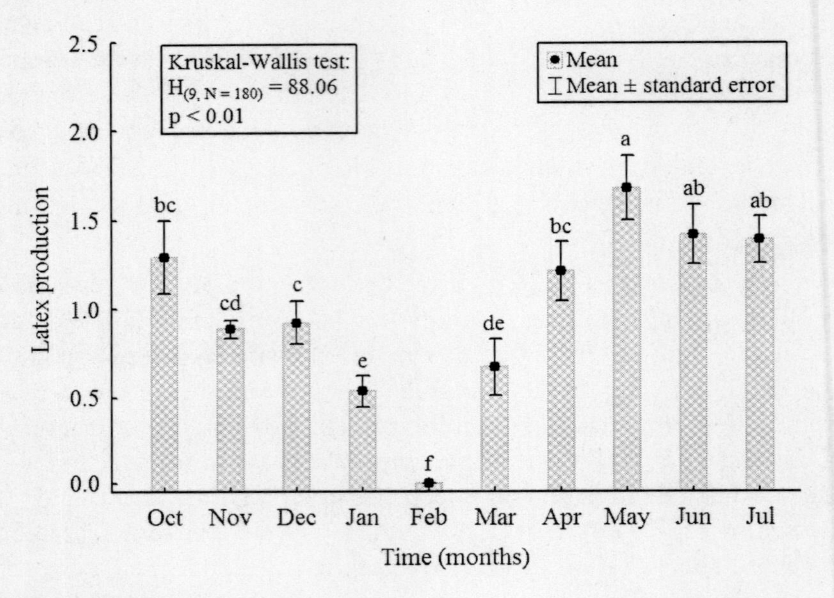

Fonte: Matos *et al.* (2018b)

A senescência foliar está sob controle hormonal e pode ser desencadeada como resultado do término do ciclo fenológico do órgão ou em decorrência de desvios da condição normal de desenvolvimento sob estresses por variações na temperatura do ar, disponibilidade de água e nutrientes, especialmente o nitrogênio, e variações no fotoperíodo. Além disso, a infecção por patógenos pode resultar em senescência foliar (Wingler; Roitsch, 2008).

Fotoperíodo

A radiação solar, além da função de sinalização, é indispensável fonte de energia para a fotossíntese, que constitui base da cadeia alimentar. O zoneamento agroclimático disponibiliza informações a respeito de áreas aptas ao cultivo de espécies vegetais com base na exigência de condições abióticas para o crescimento e desenvolvimento vegetal, no entanto o cultivo de plantas em regiões inaptas, sob inadequada disponibilidade de luz, pode resultar em estresse e desencadear o processo de senescência foliar. Esse processo pode ocorrer em plantas com índice de área foliar que excede o ótimo, de modo a aumentar o fator de desacoplamento, formar um microclima no interior do dossel e reduzir a incidência de luz numa condição insuficiente para realização de fotossíntese adequada a manutenção.

Segundo Lang *et al.* (2019), o estudo de 27 espécies vegetais lenhosas e herbáceas entre 1981 e 2012 demonstrou que a redução do fotoperíodo incrementou a senescência foliar das espécies vegetais em 61,2%, enquanto as baixas temperaturas incrementaram esse processo em aproximadamente 39%.

A longevidade foliar está intimamente relacionada com o crescimento e a produtividade de plantas cultivadas, e o uso de modelos para identificar o momento de desencadeamento da senescência com base na temperatura e no fotoperíodo tem representado importante ferramenta de estudo da longevidade foliar e fenologia de espécies vegetais (Peaucelle *et al.*, 2019). As alterações fotoperiódicas ao longo das estações do ano têm sido apontadas como determinantes para o controle da senescência foliar nos vegetais. A redução do fotoperíodo desencadeia a senescência foliar em inúmeras espécies lenhosas, de forma que o processo de deterioração fica dependente de um mínimo de fotoperíodo, abaixo do qual o mecanismo é ativado (Lang *et al.*, 2019).

Temperatura

A temperatura e a água são definidoras da distribuição das espécies vegetais na superfície terrestre, além disso, são importantes na sinalização de iniciação de folhas, indução floral e senescência foliar.

O frio é um fator indutor da senescência foliar. As folhas de plantas caducifólias sensíveis às baixas temperaturas incrementam o extravasamento de eletrólitos, a degradação de clorofilas e espécies reativas de oxigênio, e reduzem as atividades de enzimas do metabolismo antioxidativo (Sun; Xie; Han, 2019).

A espécie *J. curcas* é uma planta rústica de múltiplas utilidades com importância na produção de óleo facilmente convertido em biodiesel e produz também látex de valor farmacológico (Matos *et al.*, 2018b). A senescência foliar de *J. curcas* é ativada pela baixa temperatura do ar, de forma que a exposição da espécie a temperaturas inferiores a 10 °C no período de uma semana é suficiente para ativar todo o processo de deterioração que culmina com a abscisão foliar (Matos *et al.*, 2012). A espécie é sensível a geadas e não se desenvolve em locais com constância de temperaturas frias.

A sensibilidade à baixa temperatura foi verificada e constatada em diferentes biomas, como zona de mata mineira e Cerrado brasileiro (Almeida *et al.*, 2019; Matos *et al.*, 2012). Na Figura 15 é evidente que as folhas de *Jatropha curcas* L. são sensíveis à baixa temperatura, tanto que o gráfico demonstra claramente que o número de folhas da espécie é reduzido com a redução da temperatura mínima do ar.

Figura 15 – Ilustração do número de folhas de *Jatropha curcas* L. em função da temperatura mínima do ar em plantio com quatro anos de idade e avaliados entre março e junho em Viçosa, MG, na Zona da Mata Mineira

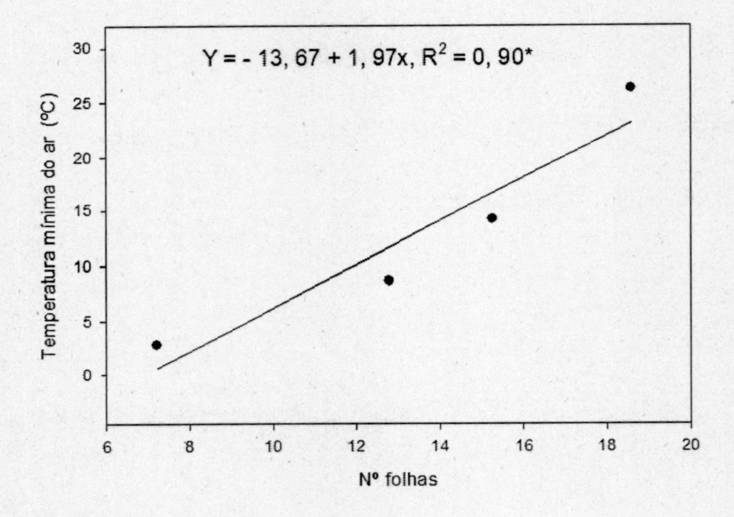

Fonte: Matos *et al.* (2012)

No Cerrado brasileiro, caracterizado por outono e inverno secos, é comum as espécies vegetais apresentarem senescência foliar nesse período. É corriqueira a confusão a respeito do fator abiótico desencadeador do processo de deterioração e abscisão foliar, pois a causa mais comum apontada nos trabalhos é o déficit hídrico, no entanto as espécies arbóreas do Cerrado possuem raízes profundas e eficiente acúmulo de água que custeia a iniciação e o desenvolvimento de flores ainda no período seco. Dessa forma, o déficit hídrico pode exercer um efeito secundário de aceleração da senescência foliar enquanto a baixa temperatura do ar assume efeito primário de ativação, pois é frequente o registro de temperaturas mínimas inferiores a 10 °C no intervalo de latitude entre 13° 02" e 17° 34" no Cerrado.

Dessa forma, a presente literatura propõe que no Cerrado brasileiro ocorre processo semelhante à Zona da Mata Mineira. Algumas plantas são sensíveis às baixas temperaturas, pois perdem as folhas no período frio, entre abril e junho, e retornam a iniciação foliar quando as temperaturas aumentam, ainda no período seco sem precipitação no mês de setembro. Acreditar que o déficit hídrico é a causa principal da queda de folhas no Cerrado brasileiro nos levará ao labirinto de perguntas sem respostas plausíveis do tipo: por que as folhas caem mesmo tendo umidade no solo nos meses de abril e maio e são iniciadas em setembro, quando as chuvas ainda não retornaram? Desmembrando ainda a pergunta, podemos imaginar: se é a seca a causa da queda, por qual motivo as folhas caem mesmo com umidade no solo? Se é a seca a causa da queda, por qual motivo as folhas são iniciadas antes das chuvas? Observe que desconsiderar a temperatura baixa como causa da queda de folhas de algumas plantas nos leva ao caminho do absurdo em algumas interpretações.

A senescência foliar desencadeada diretamente pela alta temperatura é menos comum que a senescência causada pelo frio. As mudanças climáticas podem, ao longo do tempo, promover alterações na sensibilidade das espécies a baixa temperatura. Segundo Chen *et al.* (2019), a sensibilidade da senescência *à* temperatura tem sido reduzida ao longo dos anos (entre 1980 e 2013), ou seja, as folhas de espécies arbóreas que apresentam senescência foliar ativada pelo frio estão se tornando menos sensíveis ao longo dos anos, dessa forma, é coerente a asserção de que as mudanças climáticas registradas e projetadas pelo painel intergovernamental de mudanças climáticas promova alterações na sensibilidade das espécies à temperatura e promova mudanças no crescimento e na produtividade de cultivos comerciais.

Nitrogênio

O nitrogênio é um nutriente essencial para as plantas e a deficiência acarreta a senescência foliar. O nitrogênio é constituinte da molécula de clorofila e componente indispensável em aminoácidos e proteínas. Estes são justamente os primeiros a serem degradados no processo de senescência foliar. Os níveis altos de nitrogênio podem atrasar a senescência foliar em espécies vegetais não perenes, manter elevadas as taxas fotossintéticas durante o enchimento de grãos e incrementar a produtividade (Heyneke *et al.*, 2019; Schulte auf'm Erley *et al.*, 2007). A reciclagem de nitrogênio de folhas velhas senescendo para folhas novas é importante para a manutenção do crescimento vegetal (Han *et al.*, 2017). Dessa forma, em plantas não perenes, como soja, trigo, sorgo e milho, a senescência foliar não deve ser compreendida como um evento degenerativo representativo do término do ciclo de vida, mas sim como parte de um processo metabólico de degradação, remobilização, transporte e disponibilização de reservas para os grãos, o que pode ser acelerado ou retardado por fatores abióticos.

Os aminoácidos livres e pequenos peptídeos são os principais compostos dos metabolismos do nitrogênio e carboidratos durante a senescência. A degradação de proteínas e aminoácidos é especialmente alta e contribui com a alocação de nutrientes para as sementes em desenvolvimento. Os genes envolvidos nos processos e no transporte de aminoácidos aromáticos biossintéticos são regulados em estágios iniciais da senescência foliar. Os fortes aumentos nos níveis de açúcares (glicose, frutose, galactose e manose) e altas taxas de fotossíntese, respiração e fotorrespiração coincidem com uma senescência tardia em plantas de trigo (Heyneke *et al.*, 2019).

Nitrogênio, aminoácido e açúcares remobilizados durante a senescência foliar de espécies de ciclo curto, como a soja e o trigo, podem representar importantes fontes para o enchimento de grãos e, dessa forma, o rendimento pode ter relação direta com o processo de senescência foliar. Em plantas perenes, a remobilização pode representar reservas que são armazenadas no caule e/ou nas raízes para posterior utilização na iniciação foliar ou de flores e um terceiro caminho não menos importante é o caso de espécies de múltiplos usos, como *J. curcas*, que direcionam os compostos e nutrientes remobilizados para produção de látex durante o período de senescência foliar conforme relatado em trabalhos desenvolvidos por Almeida *et al.* (2019) e Matos *et al.* (2018b).

Déficit hídrico

A senescência foliar é um sintoma visual comum em condição de déficit hídrico e esse estresse é costumeiramente tratado como a principal causa da senescência foliar em plantas no campo. Sob limitação prolongada de água no solo e na atmosfera, a maioria das plantas lançam mão das folhas, principal órgão transpirante, para conservar água nos tecidos e evitar ou retardar a desidratação.

O déficit hídrico, ao acelerar o processo de senescência foliar, limita o rendimento de plantas cultivadas com prejuízos no crescimento e enchimento de grãos de soja, trigo, sorgo, milho, hortaliças e outras espécies (Yadava *et al.*, 2019).

A desuniformidade de distribuição das chuvas inevitavelmente coloca as áreas agricultáveis sob baixa disponibilidade hídrica em determinado período do ano, e essa limitação pode restringir em diferentes magnitudes o crescimento e/ou a produtividade de espécies de interesse econômico. A sazonalidade da precipitação pluviométrica eleva o déficit hídrico à condição de principal fator abiótico ativador da senescência foliar de plantas nativas e cultivadas. Em biomas como o Cerrado e a Caatinga, caracterizados por longo período seco durante o ano, é corriqueiro encontrar espécies desfolhadas em solos com baixos potenciais de água. A queda das folhas é importante porque a planta reduz a transpiração via folhas, evita a desidratação rápida e se mantém hidratada por maior tempo.

Endógenos

O principal hormônio ativador da senescência e abscisão foliar é o etileno, no entanto é possível que o ácido abscísico (ABA) exerça função secundária no processo de senescência foliar.

Na espécie *Spondias tuberosa*, conhecida popularmente como umbuzeiro, planta endêmica da Caatinga, bioma brasileiro, a senescência e a queda das folhas ocorre no período de baixa precipitação, temperatura e fotoperíodo, no entanto, mesmo antes das variações significativas de temperatura, a senescência é ativada e antes do início das chuvas de verão as folhas são iniciadas. Nessa circunstância, o ABA atua como mensageiro químico do estresse e restringe o crescimento, mantendo as gemas dormentes com provável redução da sensibilidade aos hormônios que intensificam o crescimento, como giberelinas. O ácido abscísico desempenha papel pleiotrópico em espécies vegetais controlando diversos processos metabólicos relacionados aos estresses, incluindo abscisão e senescência, bem como o crescimento (Killiny; Nehela, 2019).

O aumento no nível de ABA incrementa a produção de etileno e, como consequência, ocasiona a síntese das enzimas que atuam na parede celular e lamela média. A fase de senescência e queda da folha é caracterizada pela indução de genes, ocasionada pelo etileno, que codifica enzimas hidrolíticas específicas de polissacarídeos e proteínas da parede celular na zona de abscisão (Taiz *et al.*, 2017).

As citocininas são conhecidas há muitas décadas como hormônios retardadores da senescência, pois o nível de citocinina endógena cai durante a senescência da folha e a aplicação exógena retarda a senescência

(Janečková *et al.*, 2019). A aplicação das citocininas exógenas no limbo foliar, na área específica, retardou a senescência, então foi observado um aumento de produção de RNAs, proteínas e mobilização de nutrientes dentro do limbo foliar até o local aplicado. No tomate, a superexpressão do gene *IPT* (relacionados a citocinina) inibe a senescência das folhas (Glanz-Idan *et al.*, 2022).

O etileno é o principal hormônio envolvido com a senescência de folhas (Reid; Wu, 2018). Estudos com plantas mutantes para as proteínas receptoras insensíveis ao etileno apresentam retardo da senescência (Graham *et al.*, 2018). As folhas imaturas são pouco sensíveis ao etileno e apresentam altas concentrações de citocininas e auxinas que retardam a senescência e a abscisão foliar, de forma que o padrão de deterioração e queda de folhas sob déficit hídrico é ascendente, iniciando-se das folhas maduras que apresentam maior sensibilidade ao etileno. As vias hormonais desempenham papel fundamental na progressão da senescência, pois alguns genes encontram-se aparentemente desativados ou com baixa atividade durante o desenvolvimento das plantas e, sob determinado estímulo, a maior produção de hormônios induz a ativação de genes de síntese de enzimas hidrolíticas e desencadeia o processo de senescência foliar (Velasco-Arroyo *et al.*, 2017).

As giberelinas também são consideradas importantes na proteção contra a senescência, o que está associado ao seu papel no controle da juvenilidade. Curiosamente, a giberelina foi recentemente revelada como um regulador de crescimento crucial que modula positivamente a senescência foliar em *Arabidopsis* (Chen *et al.*, 2017), no entanto os mecanismos específicos pelos quais a giberelina afeta esse progresso ainda não foram determinados. Estudos realizados obtiveram evidências de que genes WRKY75 podem regular positivamente a senescência foliar por meio da via de sinalização de giberelina (Zhang *et al.*, 2021).

O papel da auxina (ácido indol-3-acético, IAA) na senescência foliar é complicado e um tanto controverso. É geralmente reconhecido que a auxina é um regulador negativo da senescência foliar (Guo *et al.*, 2021). Porém a atuação das auxinas na proteção contra a senescência depende do momento metabólico em que a planta ou o órgão se encontram. Antes do início da senescência, as auxinas atuam protegendo. Todavia, quando a senescência é iniciada, as auxinas passam a aumentar ainda mais a senescência pela sua ação direta sobre a síntese do etileno (conversão do SAM em ACC).

Exercícios de fixação

1. A aplicação de herbicida pós-emergente em plantas daninhas sob déficit hídrico proporciona maior eficiência de controle?
2. Quais são os efeitos primários da salinidade nas plantas sensíveis?
3. A redução da fotossíntese é o primeiro sintoma do déficit hídrico?
4. Relacione a senescência foliar ocasionada por déficit hídrico com a produtividade de soja.
5. Quanto maior a transpiração, maior a produtividade de plantas cultivadas?
6. Quais as consequências do aumento da temperatura noturna para a produção vegetal?
7. Relacione o calor específico da água com o aumento de temperatura em plantas hidratadas.
8. Cite dois mecanismos utilizados pelas plantas para tolerar a inundação.
9. Por qual(is) motivos(s) uma planta em ambiente sombreado apresenta maior altura e menor crescimento?
10. Quando adquirimos uma muda em viveiro e a plantamos, costumamos dizer que a muda "pegou" após emissão de folhas ou brotos. Discorra a respeito da ecofisiologia de iniciação de folhas destacando a importância da água, temperatura e luz.

Referências

ALMEIDA, L. M. *et al.* Jatropha curcas L. Latex Production, Characterization, and Biotechnological Applications. *In:* MULPURI, S.; CARELS, N; BAHADUR, B. (ed.). *Jatropha, Challenges for a New Energy Crop*: a Sustainable Multipurpose Crop. [*S. l.*]: Springer, 2019. p. 439-459. v. 3.

ARAÚJO, V. de S. *et al.* Influência da aplicação foliar de silício no desenvolvimento e produtividade do milho sob déficit hídrico no semiárido piauiense. *Research, Society and Development*, [*s. l.*], v. 11, n. 5, p. e25711528051-e25711528051, 2022.

CHEN, L. *et al.* Arabidopsis WRKY45 Interacts with the DELLA Protein RGL1 to Positively Regulate AgeTriggered Leaf Senescence. *Molecular Plant*, [*s. l.*], v. 10, p. 1174-1189, 2017.

CHEN, L. *et al.* Long-term changes in the impacts of global warming on leaf phenology of four temperate tree species. *Global change biology*, [*s. l.*], v. 25, n. 3, p. 997-1004, 2019.

GAN, S. Concepts and Types of Senescence in Plants. *In*: GUO Y. (ed.). *Plant Senescence*: Methods and Protocols. New York: Humana Press, 2018. p. 3-8. (Methods in Molecular Biology, v. 1744).

GLANZ-IDAN, N. *et al.* Delayed Leaf Senescence by Upregulation of Cytokinin Biosynthesis Specifically in Tomato Roots. *Frontiers in Plant Science*, [*s. l.*], v. 13, p. 1-10, 2022.

GUO, Y. *et al.* Leaf senescence: progression, regulation, and application. *Molecular Horticulture*, [*s. l.*], v. 1, n. 5, p. 1-25, 2021.

HAN, Y. L. *et al.* Exogenous abscisic acid promotes the nitrogen use efficiency of *Brassica napus* by increasing nitrogen remobilization in the leaves. *Journal of plant nutrition*, [*s. l.*], v. 40, n. 18, p. 2540-2549, 2017.

HEYNEKE, E. *et al.* Effect of Senescence Phenotypes and Nitrate Availability on Wheat Leaf Metabolome during Grain Filling. *Agronomy*, [*s. l.*], v. 9, n. 6, p. 1-24, 2019.

JALDIN, C. A. da C. L. *Silício na indução de resistência por não preferência para ovoposição de Spodoptera frugiperda (Smith) (lepidoptera: noctuidae) e Diatraea saccharalis (Fabricius) (lepidoptera: crambidae) em milho*. 2023. 28 f. Trabalho de Conclusão de Curso (Graduação em Agronomia) – Universidade Federal de Uberlândia, Uberlândia, 2023.

JANEČKOVÁ, H. *et al.* Exogenous application of cytokinin during dark senescence eliminates the acceleration of photosystem II impairment caused by chlorophyll b deficiency in barley. *Plant physiology and biochemistry*, [*s. l.*], v. 136, p. 43-51, 2019.

KALRA, G.; BHATLA, S. C. Senescence and Programmed Cell Death. *In:* BHATLA, S. C.; LAL, M. A. *Plant Physiology, Development and Metabolism*. Singapore: Springer, 2018. p. 978-966.

KERBAUY, G. B. *Fisiologia vegetal.* Rio de Janeiro: Guanabara Koogan, 2004.

KILLINY, N.; NEHELA, Y. Abscisic acid deficiency caused by phytoene desaturase silencing is associated with dwarfing syndrome in citrus. *Plant Cell Reports*, [*s. l.*], v. 38, p. 965-980, 2019.

LANG, W. *et al.* A new process-based model for predicting autumn phenology: How is leaf senescence controlled by photoperiod and temperature coupling?. *Agricultural and Forest Meteorology*, [*s. l.*], v. 268, p. 124-135, 2019.

MA, J. F. Role of silicon in enhancing the resistance of plants to biotic and abiotic stresses. *Soil Science and Plant Nutrition*, [*s. l.*], *v.* 50, n. 1, p. 11-18, 2004.

MATOS, F. S. *et al.* Crescimento de plantas de tectona grandis sob restrição hídrica Tectona grandis plant growth under water restrictions. *Revista Agrarian*, [*s. l.*], v. 11, n. 39, p. 14-21, 2018a.

MATOS, F. S. *et al.* Desenvolvimento de mudas de pinhão-manso irrigadas com água salina. *Revista Brasileira de Ciência do Solo*, [*s. l.*], v. 37, p. 947-954, 2013.

MATOS, F. S. *et al.* Estratégia morfofisiológica de tolerância ao déficit hídrico de mudas de pinhão manso. *Magistra*, [*s. l.*], v. 26, n. 1, p. 19-27, 2014.

MATOS, F. S. *et al.* Factors that influence in Jatropha curcas L. latex production. *Bragantia*, [*s. l.*], v. 77, n. 1, p. 74-82, 2018b.

MATOS, F. S. *et al.* *Folha Seca*: Introdução à Fisiologia Vegetal. 1. ed. Curitiba: Appris, 2019.

MATOS, F. S. *et al.* Physiological characterization of leaf senescence of Jatropha curcas L. Populations. *Biomass Bioenergy*, [*s. l.*], v. 45, p. 57-64, 2012.

NÓIA JÚNIOR, R. S. *et al.* Ecophysiology of C_3 and C_4 plants in terms of responses to extreme soil temperatures. *Theoretical and Experimental Plant Physiology*, [*s. l.*], v. 30, p. 261-274, 2018.

PEAUCELLE, M. *et al.* Representing explicit budburst and senescence processes for evergreen conifers in global models. *Agricultural and Forest Meteorology*, [*s. l.*], v. 266, p. 97-108, 2019.

REID, M. S.; WU, M.-J. Ethylene in flower development and senescence. *In:* MATTOO, A. K.; SUTTLE, J. C. (ed.). *The plant hormone ethylene*. Boca Raton: CRC Press, 2018. p. 215-234.

SCHULTE AUF'M ERLEY, G. *et al.* Leaf senescence induced by nitrogen deficiency as indicator of genotypic differences in nitrogen efficiency in tropical maize. *Journal of Plant Nutrition and Soil Science*, [*s. l.*], v. 170, n. 1, p. 106-114, 2007.

SUN, X.; XIE, L.; HAN, L. Effects of exogenous spermidine and spermine on antioxidant metabolism associated with coldinduced leaf senescence in Zoysiagrass (Zoysia japonica Steud.). *Horticulture, Environment, and Biotechnology*, [*s. l.*], v. 60, p. 295-302, 2019.

TAIZ, L. *et al.* *Fisiologia Vegetal*. 6. ed. Porto Alegre: Artmed, 2017.

TAMARY, E. *et al.* Chlorophyll catabolism precedes changes in chloroplast structure and proteome during leaf senescence. *Plant Direct*, [*s. l.*], v. 3, n. 3, p. 1-18, 2019.

VELASCO-ARROYO, B. *et al.* Senescence-associated genes in response to abiotic/biotic stresses. *In:* CÁNOVAS, F. M.; LÜTTGE, U.; MATYSSEK, R. (ed.). *Progress in Botany*. Cham: Springer, 2017. p. 89-109. v. 79.

WINGLER, A.; ROITSCH, T. Metabolic regulation of leaf senescence: interactions of sugar signalling with biotic and abiotic stress responses. *Plant Biology*, [*s. l.*], v. 10, n. s1, p. 50-62, 2008.

WOO, H. R. *et al.* Leaf senescence: Systems and dynamics aspects. *Annual review of plant biology*, [*s. l.*], v. 70, p. 347-376, 2019.

YADAVA, P. *et al.* Plant Senescence and Agriculture. In: SARWAT, M.; TUTEJA, N. *Senescence Signalling and Control in Plants*. [*S. l.*]: Academic Press, 2019. p. 283-302.

ZHANG, H. *et al.* AtWRKY75 positively regulates age-triggered leaf senescence through gibberellin pathway. *Plant Diversity*, [*s. l.*], v. 43, n. 4, p. 331-340, 2021.

CAPÍTULO IV

FOTOSSÍNTESE E TRANSPORTE DE SOLUTOS ORGÂNICOS

Fotossíntese

A luz é importante no fornecimento de energia e na sinalização de diversos eventos na planta, trata-se do mais importante fator na determinação do crescimento e da produtividade agrícola, pois a radiação solar fornece energia suficiente para ocorrência da fotossíntese, que representa a mais formidável reação da natureza por constituir a base da cadeia alimentar. A disponibilidade de luz suficiente para desencadeamento das reações fotossintéticas, com variações mais próximas do excesso que da escassez, torna impertinente a discussão a respeito da limitação de radiação solar. No entanto a análise da produção vegetal, na ótica da ausência de luz, impossibilita a avaliação dos demais fatores, pois a falta de radiação solar, por si, é suficiente para emperrar o desenvolvimento vegetal. Além da importância e das implicações do excesso de radiação solar, este capítulo tem como focos o estudo ecofisiológico do metabolismo fotossintético e a distribuição de assimilados das fontes para os drenos no floema das espécies vegetais.

Importância e aspectos gerais

O termo "fotossíntese" refere-se *à síntese utilizando a luz e representa* a mais importante reação do planeta Terra pela autonomia que o processo concede aos seres que a realizam e, assim, constitui a base da cadeia alimentar. A fotossíntese é termodinamicamente uma reação não espontânea pela necessidade de entrada de energia no sistema para ocorrência da reação. A radiação solar fornece energia suficiente para elevar o nível energético dos centros de reação e promover o desencadeamento do processo que envolve mais de 50 reações e culmina com a produção de carboidratos.

Nos cloroplastos presentes em todas as células fotossintetizantes, os pigmentos fotossintéticos absorvem energia luminosa para converter CO_2 e água em moléculas orgânicas conforme equação demonstrada a seguir.

$$nCO_2 + nH_2O \xrightarrow[\text{Clorofilas}]{\text{Luz}} (CH_2O)_n + nO_2$$

A fotossíntese ocorre a partir da absorção de luz de comprimento de onda na faixa do visível de 400 a 700 nanômetros (nm). Quanto maior o comprimento de onda, menor a energia, portanto, a luz azul de comprimento de onda próximo a 400 nm é mais energética que a vermelha com comprimento em torno de 700 nm. Nem toda radiação que alcança a superfície terrestre é destinada à fotossíntese, cerca de 45 a 50% da radiação solar incidente na superfície terrestre é fotossinteticamente ativa (RFA). Ao interagir com a matéria, a luz comporta-se como pacotes discretos de energia e a menor unidade desses pacotes é denominado de fóton. Para exercer atividade fotoquímica, a luz obedece a dois princípios: 1º) precisa ser absorvida, 2º) a energia do fóton precisa ser compatível com a energia do elétron para que, ocorrendo absorção, seja desencadeada uma reação fotoquímica. Um fóton é capaz de excitar apenas um elétron da molécula de clorofila ao desencadear uma reação fotoquímica na fotossíntese (Kerbauy, 2008).

A luz é um sinal ambiental identificado pelas plantas por meio de fotorreceptores. A luz, como sinal, tem importância fundamental na emissão de folhas e na transmissão de informações climáticas que desencadeiam a ativação de mecanismos de defesa pelas plantas. Os principais pigmentos fotossintéticos envolvidos com absorção de energia luminosa são clorofilas (*a* e *b*) e carotenoides. As moléculas de clorofilas estão organizadas nas membranas dos tilacoides de modo a otimizar a absorção de luz e transferir a energia de excitação. As moléculas de clorofila são constituídas por um anel de porfirina com cerca de 20 átomos de carbono. A diferença entre clorofila *a* e clorofila *b* é simplesmente a substituição do grupamento (CH_3) metil pelo grupamento (CHO) formila no anel II.

Os carotenoides são pigmentos acessórios na absorção de energia luminosa e possuem também a função de fotoproteção do aparato fotossintético. Em condição de excesso de energia luminosa associado a outros estresses, a planta pode produzir espécies reativas que danificam membranas e proteínas. Os carotenoides protegem a maquinaria fotossintética por ocasião da ocorrência desse estresse. Os carotenoides são formados por cerca de 40 átomos de carbono unidos por ligações duplas alternadas. Essas ligações facilitam a transmissão de energia.

Imaginemos um cloroplasto isolado e iluminado com luz de comprimento de onda vermelho. A clorofila, ao absorver fóton de luz de comprimento de onda na banda do vermelho, remete o elétron do estado basal para o estado mais energético denominado primeiro singleto. Se outra clorofila absorver fóton de luz de comprimento de onda na banda do azul, o elétron será remetido a um estado energético denominado segundo singleto. A luz azul possui maior energia quântica e, por isso, o elétron é remetido a um orbital mais energético. Do 2º para o 1º singleto, a energia é perdida na forma de calor e, portanto, sem importância direta na fotossíntese, mas do 1º singleto para o estado basal a energia de excitação pode ser dissipada nas formas de calor, ressonância indutiva (a energia é transferida para outras moléculas com consequente dissipação), fluorescência (a energia é dissipada por emissão de luz de maior comprimento de onda) e fotoquímica (ocorre reação de oxidação e redução com entrega de elétron a um aceptor primário). Independentemente do comprimento de onda absorvido, a fotossíntese é desencadeada na banda do vermelho conforme verificado na Figura 16.

Figura 16 – Absorção de energia luminosa nas bandas do azul e vermelho e excitação eletrônica

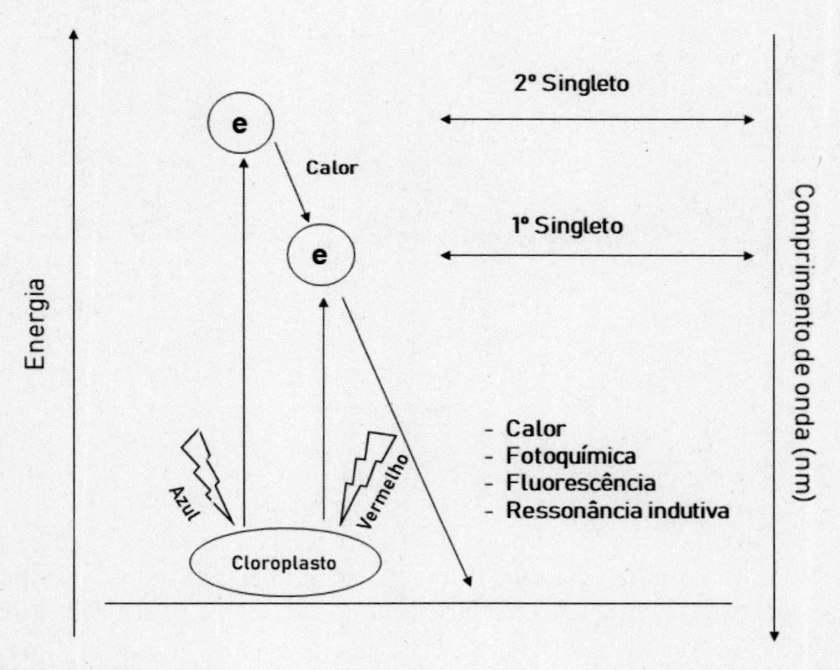

Fonte: os autores

A maior atividade fotossintética é verificada quando os dois fotossistemas funcionam de forma simultânea absorvendo energia luminosa em diferentes comprimentos de onda conforme demonstra o efeito intensificador de Emerson na Figura 17. Caso o cloroplasto seja iluminado com luz de comprimento de onda na banda do vermelho, a fotossíntese terá determinado valor "x", mas se o cloroplasto for iluminado com luz na banda do vermelho distante, a fotossíntese será "x+1". Caso o cloroplasto seja iluminado com luz na banda do vermelho e vermelho distante de forma simultânea, a fotossíntese será superior a "2x+1", por exemplo: "4x+1". Isso demonstra que a fotossíntese é mais eficiente com absorção de energia luminosa nos dois comprimentos de onda. Esse processo, denominado efeito intensificador de Emerson, sugere a existência de dois fotossistemas que absorvem energia luminosa de forma simultânea e tornam a fotossíntese mais eficiente.

Figura 17 – Efeito intensificador de Emerson

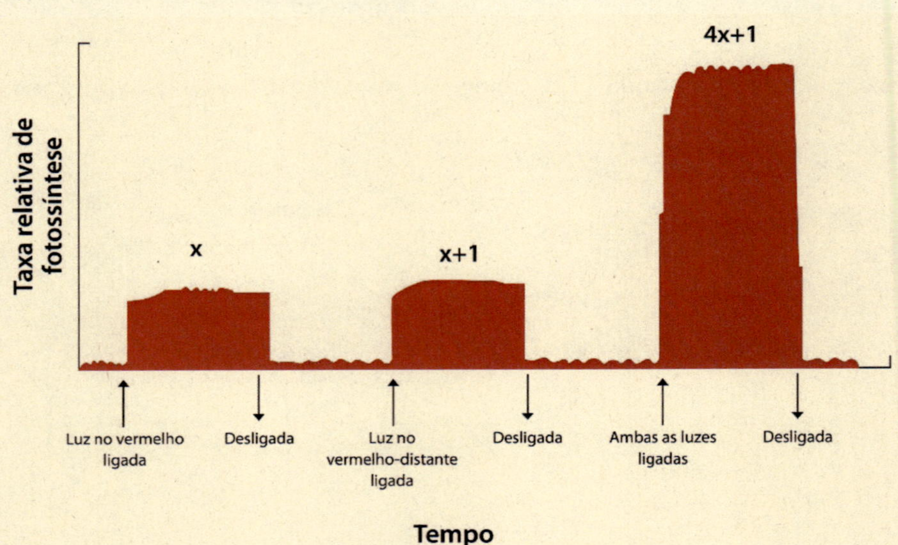

Fonte: Matos *et al.* (2019)

A radiação solar fornece energia suficiente para custear a fotossíntese, no entanto a luz é importante por desencadear inúmeros outros processos fotomorfogênicos. Além da intensidade luminosa, a qualidade da luz exerce notável função nas plantas. A luz de comprimento de onda na banda do vermelho distante estimula o alongamento do caule e, por isso, em caso de vegetação com sombrite ou algum outro nível de sombreamento, tipo cultivos consorciados, é corriqueiro encontrar planta com intenso alongamento do caule, bem como com maior área foliar e alta concentração de pigmentos fotossintéticos nas folhas, ocasião em que a planta incrementa a altura em busca de luz mais energética na banda do vermelho e azul, pois estas inibem o alongamento excessivo do caule, porém continuam a estimular o crescimento da planta como um todo. A Figura 18 demonstra as alterações morfofisiológicas refletidas na maior área foliar e altura de plantas de soja, milho, sorgo e girassol desenvolvidas sob 70% de sombreamento.

Figura 18 – Médias da área foliar (AF) e altura de planta (AP) de soja, milho, sorgo e girassol desenvolvidas em tubetes durante 15 dias a pleno sul (luz) e submetidas a 70% de sombreamento (sombra)

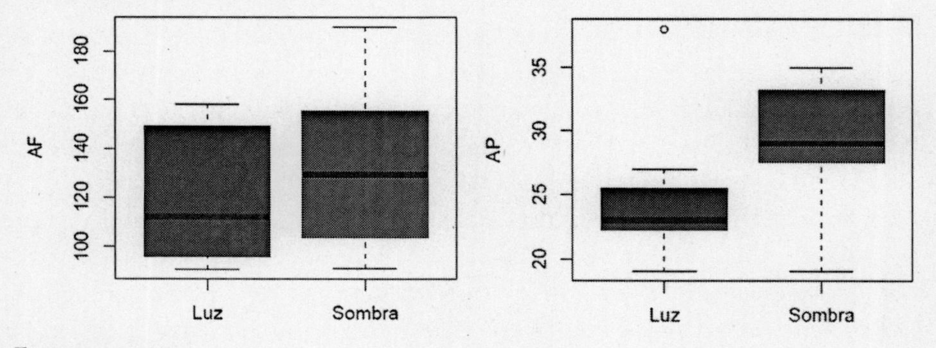

Fonte: os autores

Em síntese, a produtividade agrícola é a colheita da luz, pois, em última análise, a energia contida em grãos, frutos e/ou raízes comerciais é oriunda da luz. A eficiência de conversão de energia solar em energia química é da ordem de 27 a 35%, enquanto a eficiência de conversão de energia solar em biomassa é da ordem de 3,5 a 4% para plantas C_3 e em torno de 6% para plantas C_4.

As plantas C_4 possuem maior eficiência de uso da radiação solar, pois, para cada unidade de energia solar absorvida, produzem mais biomassa. Para cada megajoule de radiação solar absorvida, as espécies C_4, como o milho, produzem cerca de 2 g de biomassa, enquanto as leguminosas acumulam menos de 1 g de biomassa. A desprezível fotorrespiração, a elevada fotossíntese, o baixo coeficiente de extinção da radiação solar e a alta afinidade da PEP-Case pelo CO_2 são fatores determinantes para a maior eficiência de uso da radiação pelas plantas C_4.

A fotossíntese é diretamente proporcional à disponibilidade de luz quando nenhum fator for limitante. De modo geral, a fotossíntese aumenta com o incremento da disponibilidade de luz até atingir a saturação luminosa, que corresponde a aproximadamente 1/3 da máxima radiação disponível na superfície terrestre para plantas C_3 conforme demonstrado na Figura 19. Em função da elevada capacidade da PEP-Case em carboxilar, as plantas C_4 não são saturadas com a radiação solar disponível. As plantas C_3, em função da menor exigência energética por carboxilação, possuem menor ponto de compensação luminoso em relação às plantas C_4.

O ponto de compensação luminoso é uma importante variável que pode estar relacionada com a adaptação da espécie ao ambiente sombreado e possivelmente ser utilizada em cultivos consorciados.

A temperatura do ar interfere decisivamente no metabolismo vegetal. No cenário atual de incremento da temperatura da terra, muitas implicações ocorrem nas plantas de diferentes metabolismos fotossintéticos. Uma atenção especial deve ser dada à temperatura noturna por se tratar de um período em que a fotossíntese não ocorre e, dessa forma, as reações de consumo tornam as plantas mais vulneráveis. Com o aumento de temperatura, as atividades enzimáticas são aceleradas e podem extrapolar o nível ótimo. No intervalo entre 5 °C e 25 °C, a atividade respiratória da planta dobra a cada aumento de 10 °C. A fotossíntese também aumenta, mas não na mesma magnitude da respiração. Dessa forma, o aumento excessivo de temperatura tende a reduzir o crescimento e a produtividade agrícola por causar um descompasso entre as reações de produção e consumo na planta. A etapa bioquímica da fotossíntese, em função da atividade enzimática, é a mais dependente de temperaturas maiores dentro desse intervalo.

As plantas C_3 cultivadas em clima tropical crescem bem em intervalo de temperatura entre 25 e 30 °C, enquanto as plantas C_4, entre 30 e 35 °C. As elevadas temperaturas, quando excedem o nível crítico, provocam danos celulares significativos por aumentarem a permeabilidade de membrana, causar o extravasamento de eletrólitos, desnaturar proteínas e prejudicar reações químicas. As altas temperaturas podem causar danos na superfície foliar e nesse caso a planta, como mecanismo de defesa, necessita utilizar de recursos da fotossíntese para restaurar áreas afetadas. No entanto esse processo de assimilação ocorre principalmente nas folhas, dessa forma, folhas afetadas pelo estresse oxidativo prejudicam a fotossíntese de forma geral.

As baixas temperaturas reduzem o metabolismo e a atividade enzimática. As coníferas podem realizar fotossíntese em temperaturas em torno de -6 °C, mas poucas plantas tropicais são capazes de fotossintetizar em temperaturas abaixo de 5 °C (Lopes, 2015). O feijoeiro e outras espécies cultivadas apresentam significativas reduções na absorção de água e nutrientes sob temperaturas inferiores a 10 °C.

A concentração de CO_2 na atmosfera girando em torno de 400 ppm é o fator limitante à fotossíntese ao considerarmos todos os demais fatores maximizados no limite ainda adequado. Dessa forma, é coerente admitirmos que o incremento do CO_2 sem variação dos demais fatores aumentaria a fotossíntese, especialmente a fotossíntese C_3, pois durante o período diurno de realização da fotossíntese, na maior parte do tempo, a disponibilidade de CO_2 é o fator mais limitante para assimilação, no entanto o efeito real do aumento de CO_2 deve variar de espécie para espécie, principalmente pelas alterações dos demais fatores, como temperatura, umidade relativa e precipitação pluviométrica, pois o aumento desse gás incrementa o efeito estufa, altera temperatura, precipitação e, consequentemente, tem efeitos prejudiciais ao desenvolvimento vegetal.

Figura 19 – Resposta fotossintética de plantas C_3 à radiação solar

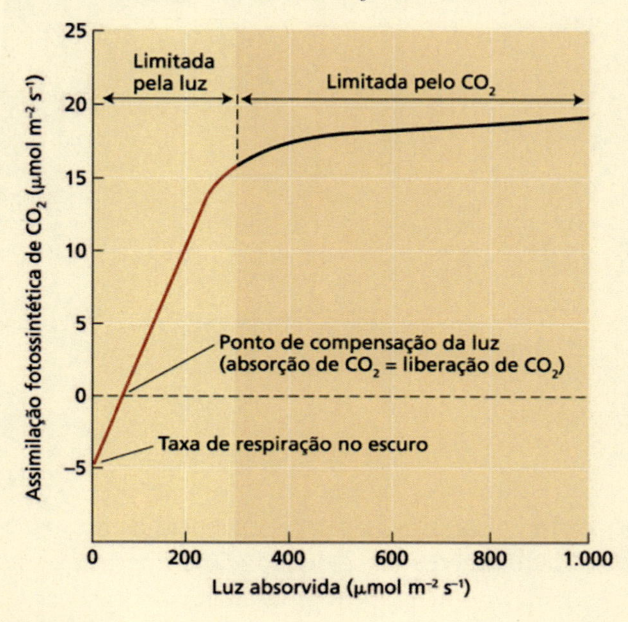

Fonte: Taiz *et al.* (2017)

Fotoquímica

A etapa fotoquímica da fotossíntese consiste na conversão de energia luminosa em energia química e, dessa maneira, seria como a planta transformar uma forma de energia propagada por meio de ondas eletromagnéticas em outro tipo de energia passível de utilização em reações químicas, o ATP e NADPH. É importante desapegar de terminologias incorretas, tipo: fase clara e fase escura da fotossíntese. Essas terminologias estão ultrapassadas e incorretas, pois em ambas as fases a luz é indispensável para ativação enzimática e fornecimento de energia. Os principais complexos fotossintéticos são: fotossistemas I e II (FSI e FSII), citocromo b_6f e ATPsintase. A conexão entre os complexos FSII e citocromo é feita pela plastoquinona, que é uma proteína móvel e a conexão entre os complexos citocromo e FSI é feita pela proteína plastocianina, conforme Figura 20.

Figura 20 – Ilustração dos complexos fotossintéticos

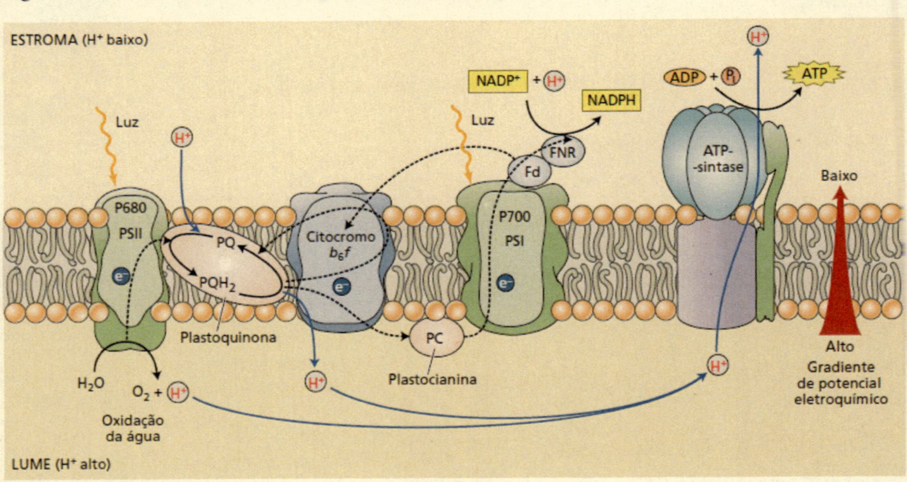

Fonte: Taiz *et al.* (2017)

A etapa fotoquímica ocorre nas membranas dos tilacoides no cloroplasto, enquanto a bioquímica ocorre nas células do mesofilo. Todos os órgãos clorofilados são capazes de realizar fotossíntese, no entanto a maquinaria de maior potencial fotossintético localiza-se nas folhas, sendo assim, as folhas representam os órgãos potencialmente mais capazes de realização da fotossíntese. Na fase fotoquímica, os pigmentos absorvem energia luminosa e a convertem em energia química (ATP e NADPH). Na fase bioquímica, a energia química é utilizada nas diversas reações e, por fim, ocorre produção de trioses fosfatadas que serão direcionadas para produção de amido e sacarose.

Na etapa fotoquímica, a absorção de energia luminosa pelos centros de reação dos FSI (P700) e FSII (P680) resulta em excitação eletrônica com perda de elétron da clorofila do FSI para uma clorofila modificada denominada A_0 e, por fim, o elétron é entregue *à* ferredoxina reduzindo o $NADP^+$ a NADPH.

De forma simultânea, a clorofila excitada do centro de reação do FSII perde o elétron para o aceptor primário denominado feofitina, que entrega para a plastoquinona ligada e repassa a uma plastoquinona móvel, que transporta dois prótons e dois elétrons do FSII para o citocromo b_6f. Os prótons são ejetados no lúmen e contribuem para formação do gradiente de prótons entre lúmen e estroma. Dos dois elétrons que chegam ao citocromo b_6f, um segue por meio da plastocianina, para repor a perda ocorrida no FSI, e o outro entra no ciclo "Q", que contribui para formação do gradiente de prótons entre lúmen e estroma. Esse gradiente de prótons é importante para a produção de ATP.

A reposição dos elétrons das clorofilas excitadas no FSII é feita a partir da fotoxidação da água. A água é fotoxidada por um complexo enzimático com quatro átomos de manganês. Nesse processo, os elétrons da água são utilizados para repor as perdas no FSII e os prótons para formação do gradiente entre lúmen e estroma. Dessa forma, a fotoquímica da fotossíntese resulta na produção de energia química (ATP e NADPH) no fluxo acíclico de elétrons.

O fluxo de elétrons promove a formação de gradiente de prótons entre lúmen e estroma necessário para a produção de ATP via ATPsintase. O fluxo cíclico envolve a participação dos complexos: ferredoxina-plastoquinol-oxidorredutase, citocromo b_6f e FSI. Nesse tipo de transporte de elétrons, ocorre apenas a produção de ATP e não de NADPH. O funcionamento do fluxo cíclico e acíclico de elétrons exerce importância quanto ao efeito da aplicação de herbicidas.

Ao longo do tempo a tecnologia agrícola desenvolveu produtos químicos capazes de inibir o transporte de elétrons da fotossíntese. Esses produtos tendem a paralisar a fotoquímica, impedir o transporte de elétrons, causar estresse oxidativo e levar as plantas *à* morte. Os produtos denominados herbicidas são utilizados para controle de plantas daninhas e merecem destaque neste texto o herbicida Atrazine seletivo para sorgo, milho e outras culturas, por inibir o transporte de elétrons na altura do FSII, e o Diquat, que inibe o transporte de elétrons na altura do FSI. Ambos os herbicidas são utilizados em pós-emergência e, como são inibidores da fotossíntese, espera-se que com a presença da luz a ação de controle de plantas daninhas seja mais eficiente.

Bioquímica

A etapa bioquímica da fotossíntese consiste na utilização da energia química da etapa anterior para produção de açúcar, mais especificamente, sacarose. Nessa etapa merecem destaque as fases de carboxilação, redução e regeneração, conforme demonstradas na Figura 21. Essas etapas constituem o ciclo de Calvin. Inicialmente a ribulose 1,5-bisfosfato é carboxilada por ação da enzima rubisco e consequente produção de duas moléculas contendo três carbonos, denominada de 3-fosfoglicerato (3-PGA). As plantas com esse metabolismo são ditas C_3 porque o primeiro composto estável do ciclo de Calvin (3-PGA) possui três carbonos. A rubisco é a proteína mais abundante da natureza e exerce importante função na base da cadeira alimentar. Em seguida, o 3-PGA sofre reações de redução e regeneração, resultado na produção de triose fosfatada e produção da ribulose 1,5-bisfosfato, conforme Figura 20. É importante atentar para o gasto energético do ciclo C_3.

A cada três carboxilações, ocorre produção de seis trioses fosfatadas, sendo cinco utilizadas para regenerar as três ribuloses 1,5-bisfosfato utilizadas, e uma triose é o ganho metabólico que poderá ser direcionado para produção de amido ou sacarose. As três carboxilações consomem nove ATPs e seis NADPH, e cada carboxilação resulta em gasto de três ATPs e dois NADPH. A maior parte das plantas cultivadas, como feijoeiro, amendoim, fruteiras, cafeeiro, arroz, trigo, eucalipto, seringueira, hortaliças e outras, são de metabolismo C_3.

Figura 21 – Ilustração do ciclo de Calvin

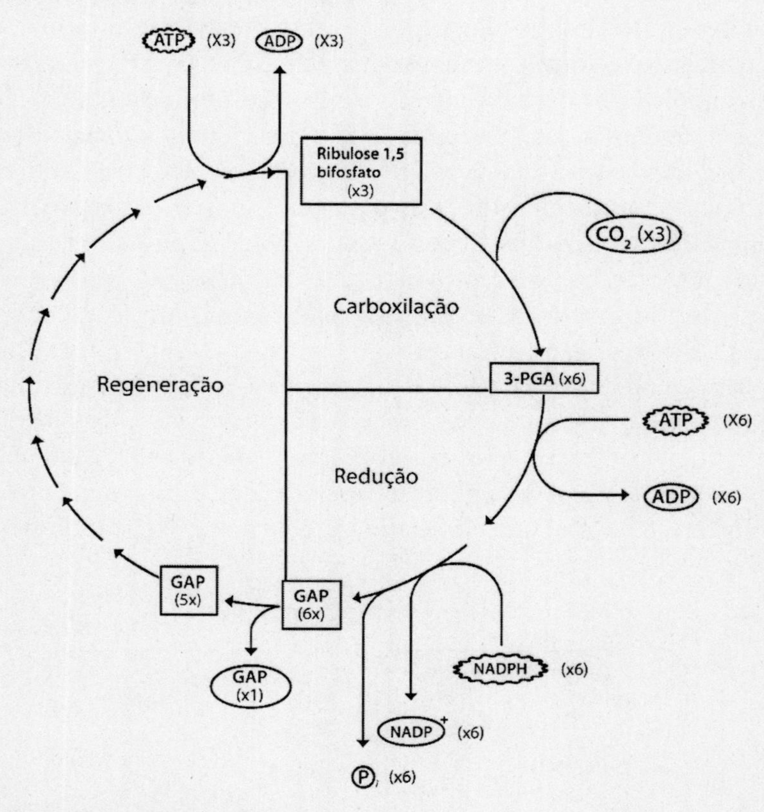

Fonte: adaptado de Taiz *et al.* (2017)

Fotorrespiração

A enzima rubisco possui atividade carboxilase e oxigenase, podendo desencadear reações tanto com CO_2 quanto com O_2. Essa dupla afinidade da rubisco resulta em implicações ecológicas e agrícolas marcantes pela acentuada interferência no desenvolvimento vegetal, dessa forma, a atividade oxigenase da rubisco resulta no processo denominado fotorrespiração, que ocorre em três organelas (cloroplasto, peroxissomo e mitocôndria). A atividade oxigenase da rubisco resulta na produção de uma molécula de 3-PGA e outra molécula de 3-fosfoglicolato. O 3-PGA é direcionado ao ciclo de Calvin, enquanto o fosfoglicolato é convertido em glicolato, que é transportado para o peroxissomo e transformado em glioxilato direcionado *à* mitocôndria, onde sofre descarboxilação com entrega de um carbono ao tetraidrofolato.

Com uma nova atividade oxigenase da rubisco ocorrendo, o glioxilato chega *à* mitocôndria, reage com o carbono entregue anteriormente ao tetraidrofolato e é convertido em serina, que com três carbonos retorna ao peroxissomo, é transformado em hidroxipiruvato e, em seguida, em glicerato, que entra no cloroplasto e é fosforilado e direcionado ao ciclo de Calvin, conforme demonstrado na Figura 22. A fotorrespiração resulta em redução da fotossíntese bruta em função da perda de CO_2 por descarboxilação, e o carbono perdido é o que justamente reduz a eficiência de assimilação em 25% quando a fotorrespiração é comparada ao fotossíntese, no entanto acredita-se que o processo funcione como um dreno consumidor do excesso de energia luminosa. Em condição de dias ensolarados com alta temperatura e deficiência hídrica, quando os estômatos estão parcialmente abertos, a limitação do influxo de CO_2 é maior que do O_2, seja pela menor velocidade de difusão e pela maior concentração de O_2 na atmosfera. Nessa ocasião, a atividade oxigenasse da rubisco é mais facilitada. Espera-se que, com o aumento de CO_2 na atmosfera, a fotorrespiração seja reduzida e a carboxilação aumentada.

Figura 22 – Ilustração do processo de fotorrespiração

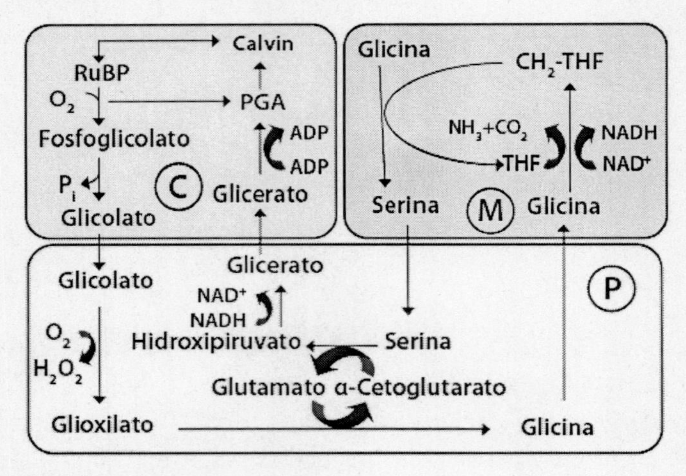

Fonte: Matos *et al.* (2019)

Um outro grupo de plantas denominadas C_4, oriundas da *última hora na escala de evolução,* apresenta metabolismo diferente das espécies C_3. Esse tipo de planta apresenta maior tolerância a elevadas temperaturas, radiação solar e tem maior eficiência de carboxilação. No grupo de plantas C_4, o fosfoenolpiruvato pode ser carboxilado por ação da enzima fosfoenolpiruvato carboxilase

(PEP-case), resultando em um composto de quatro carbonos denominado oxaloacetato (Figura 23). As plantas com esse tipo de metabolismo são denominadas C_4 porque o primeiro composto da fotossíntese possui quatro carbonos.

O oxaloacetato produzido nas células do mesofilo é convertido em malato, que é transportado para as células da bainha perivascular. As células da bainha perivascular são mais internas em relação às células do mesofilo. Nota-se que a fotossíntese C_4 possui uma separação espacial da fotossíntese com parte das reações ocorrendo nas células do mesofilo (tecido menos interno) e outras na bainha perivascular (tecido mais interno) e, a fotossíntese C_4 diferencia-se da fotossíntese C_3 nesse aspecto. Além disso, a enzima de carboxilação nas plantas C_4 (PEP-case) possui baixa afinidade pelo O_2, enquanto a enzima de carboxilação C_3 (rubisco) possui razoável afinidade pelo O_2. Essa característica torna a fotorrespiração praticamente desprezível em plantas C_4, em função da alta afinidade da PEP-case pelo CO_2 e pelo fato de a descarboxilação ocorrer em tecido mais interno, permitindo a recaptura do CO_2 liberado.

O malato nas células da bainha perivascular sofre descarboxilação com o CO_2 indo para o ciclo de Calvin e o piruvato utilizado para regenerar o fosfoenolpiruvato, conforme demonstrado na Figura 23. É importante ressaltar que a fotossíntese C_4 é mais custosa do ponto de vista energético, pois, além da regeneração da ribulose 1,5-bisfosfato no ciclo de Calvin, é necessário regenerar o fosfoenolpiruvato nas células do mesofilo. Assim, cada carboxilação em plantas C_4 resulta no gasto metabólico de cinco ATPs e dois NADPH.

Figura 23 – Ilustração do metabolismo C_4

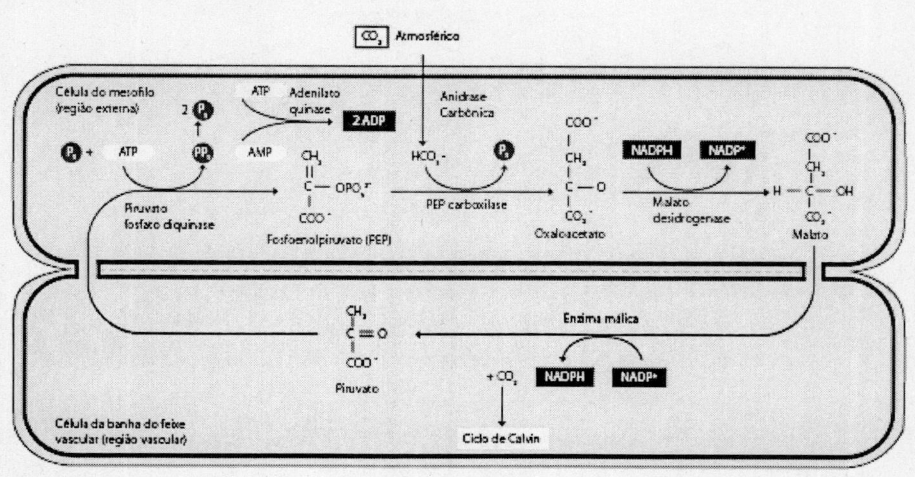

Fonte: os autores

O terceiro grupo de plantas, denominado de plantas CAM — metabolismo ácido das Crassul*á*ceas — possui a bioquímica semelhante às plantas C_4, no entanto, enquanto estas últimas possuem separação espacial da fotossíntese (a bioquímica da fotossíntese ocorre nas células do mesofilo e bainha perivascular), as plantas CAM possuem separação temporal da fotossíntese, ou seja, a carboxilação ocorre *à* noite, quando os estômatos estão abertos, e o ciclo de Calvin ocorre durante o dia com os estômatos fechados (Figura 24). Esse tipo de planta apresenta uma importante peculiaridade que a diferencia acentuadamente das anteriormente descritas, pois as plantas CAM abrem os estômatos no período noturno, enquanto as C3 e C4 abrem os estômatos no período diurno. O período noturno é o momento em que as condições atmosféricas são menos propensas *à* perda de água por transpiração e, por esse motivo, as plantas CAM são mais eficientes no uso da água.

Nas plantas CAM, as reações bioquímicas ocorrem nas células do mesofilo, conforme demonstrado na Figura 24. A abertura noturna dos estômatos e fechamento no período diurno contribui significativamente para a redução da perda de água, tornando as plantas CAM tolerantes *à* seca. As plantas CAM podem ser encontradas em várias famílias e grupos: *Liliaceae, Crassulaceae, Orchidaceae* ***e Epífitas. A planta economicamente cultivada mais conhecida é o*** abacaxi, no entanto outras menos conhecidas, como o pinhão manso (*Jatropha curcas* L.), ***são encontradas em solos brasileiros.***

Figura 24 – Ilustração do metabolismo CAM

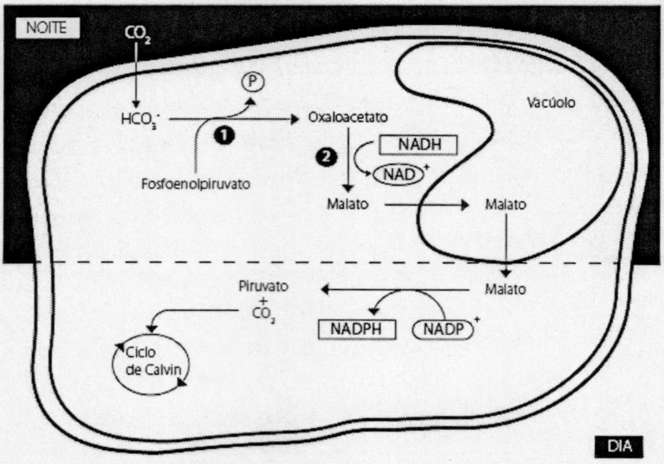

Fonte: adaptado de Taiz *et al.* (2017)

Na Tabela 5 é possível comparar as espécies vegetais dos três metabolismos fotossintéticos citados. As plantas CAM apresentam reduzida taxa de crescimento em relação às plantas C_3 e C_4 em função de a fixação de CO_2 depender da capacidade de armazenamento da planta no período noturno. No entanto essas plantas apresentam melhor eficiência de uso da água por perderem menos água na produção de biomassa. A fotossíntese e o crescimento são mais elevados em plantas C_4 pela maior carboxilação resultante da alta afinidade da PEP-Case. Esse tipo de planta apresenta maior gasto energético e, por isso, maior necessidade de elevada radiação solar. Cerca de oito em cada 10 plantas daninhas de interesse econômico são de metabolismo C_4, e como essas plantas apresentam maior gasto energético para a carboxilação, a redução do espaçamento que limita a incidência de radiação próximo ao solo controla as plantas daninhas.

Tabela 5 – Comparação entre os diferentes metabolismos fotossintéticos

Variável	C_3	C_4	CAM
Crescimento ($g\ dm^{-2}\ dia^{-1}$)	1	4	0,02
Movimento Estomático	Abertos: dia Fechados: noite	Abertos: dia Fechados: noite	Abertos: noite Fechados: dia
EUA (g H_2O/ g MS	500 a 700	150 a 200	50 a 100
A (mg $CO_2/d^2/h$	30	60	3
Fotorrespiração	Alta	Desprezível	Desprezível
Enzima chave	Rubisco	PeP-Case, rubisco	PeP-Case, rubisco
N na folha para *A* máxima	40 a 50%	10 a 25%	10 a 25%
Custo energético - *A*	3 ATP + 2 NADPH	5 ATP + 2 NADPH	5 ATP + 2 NADPH

Fonte: os autores

Estresse luminoso

Ao longo do dia, no intervalo entre o amanhecer e o anoitecer, as plantas estão submetidas a diferentes gradientes de radiação solar. Nesse período, as plantas experimentam níveis subótimos, ótimos e excessivos de radiação solar. O excesso de energia luminosa acarreta consequências importantes no desenvolvimento vegetal, de forma que as espécies apresentam mecanismo de proteção que, resumidamente, culmina com a dissipação do excesso de energia.

Quando a utilização de energia luminosa é inferior à capacidade de absorção, os mecanismos de dissipação do excesso de energia são responsáveis pela manutenção do equilíbrio. No entanto, quando a capacidade de dissipação e utilização da energia luminosa é inferior à absorção, ocorre frequentemente fotoinibição da fotossíntese.

A maquinaria fotossintética de plantas diretamente expostas à energia solar apresenta um potencial problema de excesso de energia de excitação. Sob baixa intensidade luminosa (menor que 100 µmol. m-2 s-1), mais de 80% da energia absorvida é utilizada na fotossíntese. Quando a intensidade luminosa se aproxima de 1000 µmol fótons m-2 s-1, menos de 25% do quantum absorvido é usado e, sob luz solar plena, a utilização reduz para aproximadamente 10%. Sendo assim, a radiação solar não é uniforme durante todo o dia e a planta precisa ativar mecanismos de fotoproteção em diferentes magnitudes ao longo do período diurno.

A fotoinibição é um fenômeno comum em todos os organismos que realizam fotossíntese, sendo o PSII o alvo principal. A capacidade do PSII de oxidar a água permite que os organismos fotossintetizantes utilizem a luz solar como fonte de energia e a água como fonte doadora de elétrons para fixar o CO2 atmosférico. Vale ressaltar que a água é uma substância estável, sem tendência alguma de ser fotoxidada. No entanto a fotossíntese constitui o processo natural de quebra da molécula de água para fornecimento de prótons e elétrons.

Entretanto essa mesma capacidade de oxidar a água é um dos principais motivos da labilidade do PSII, pois espécies tóxicas de O2, tais como oxigênio singleto, peróxidos e superóxidos, são formadas durante a fotossíntese. Para contornar esse problema, os vegetais desenvolveram estratégias para controlar o excesso de excitação e reparar o PSII fotoinativo.

A inibição do PSII é reversível no estágio inicial, porém a continuidade e o agravamento da inibição resultam em danos para o sistema, tal que o centro de reação do PSII precisa ser desmontado e consertado. O local principal desse dano é a proteína D1, que faz parte do centro de reação do PSII. Essa proteína é facilmente danificada por meio do excesso de luz e deve ser removida da membrana e substituída por uma recentemente sintetizada.

Existem dois tipos de fotoinibição: a dinâmica e a crônica. Sob excesso de luz moderado, observa-se a fotoinibição dinâmica. A eficiência quântica decresce, mas a taxa fotossintética máxima permanece inalterada. A fotoinibição dinâmica é causada pelo desvio da energia luminosa, absorvida em direção à dissipação de calor, por isso o decréscimo em eficiência quântica. Tal decréscimo é temporário e a eficiência quântica pode retornar ao valor inicial mais alto, quando o fluxo fotônico decresce abaixo dos níveis de saturação.

A fotoinibição crônica, mais agressiva que a anterior, resulta da exposição a altos níveis de luz, que danificam o sistema fotossintético e diminuem a eficiência quântica e a taxa fotossintética máxima. A fotoinibição crônica está associada ao dano e à substituição da proteína D1 do centro de reação do PSII. Ao contrário da fotoinibição dinâmica, tais efeitos têm duração relativamente longa, persistindo por semanas.

A imposição de fatores estressantes adicionais durante a exposição à alta irradiância exacerba os efeitos adversos da luz, entre esses se destacam: déficit hídrico, deficiência de ferro e deficiência de nitrogênio.

Mecanismos de fotoproteção

Os materiais vegetais obtidos nos últimos anos por meio do melhoramento de plantas têm sido caracterizados como de elevado potencial produtivo, no entanto buscam-se plantas tolerantes aos estresses abióticos. A obtenção de folhas expostas mais eritófilas tem sido investigada por diversos pesquisadores, pois essa característica possibilita maior penetração da radiação no dossel e está relacionada com o acúmulo de biomassa. A maior eficiência do uso da radiação incrementa a produtividade de grãos de trigo e outras espécies.

As plantas podem apresentar diversos meios para se protegerem contra irradiâncias potencialmente fotoinibitórias. A redução da concentração de clorofilas em folhas mais expostas auxilia na redução da absortância foliar e, associada com os menores valores da eficiência de captura de energia de excitação pelos centros de reação abertos do PSII (F_v'/F_m'), reduz a quantidade total de energia efetivamente absorvida pelos fotossistemas (Matos *et al.*, 2019). A maior concentração de carotenoides nas folhas submetidas a maiores níveis de luz permite-lhes um aumento na capacidade de dissipação da energia de excitação, principalmente via ciclo das xantofilas. Com efeito, a elevação na concentração de carotenoides e/ou uma redução da concentração de clorofilas pode auxiliar as plantas a minimizarem a fotoinibição.

A transferência de energia das clorofilas para alguns carotenoides do ciclo da xantofila leva à dissipação de energia na forma de calor, que ocorre no complexo coletor de luz do PSII, conforme demonstrado na Figura 25.

Figura 25 – Ilustração sucinta do ciclo das xantofilas

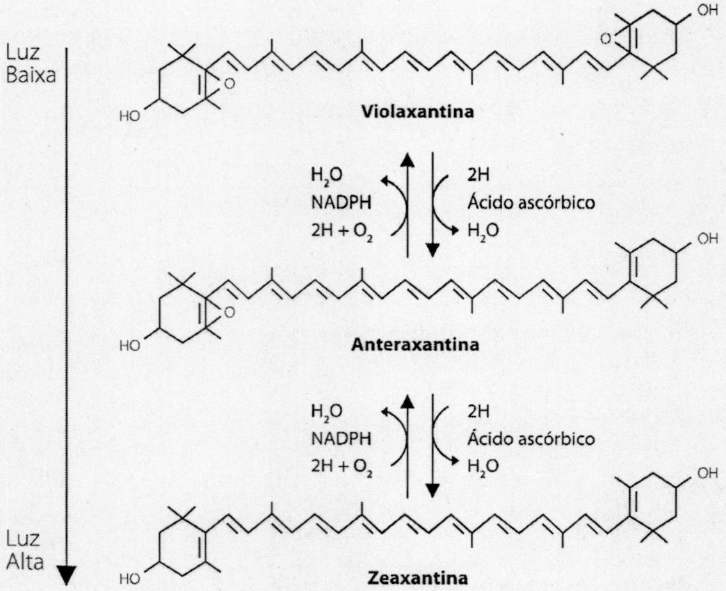

Fonte: Taiz et al. (2017)

As folhas submetidas a maiores níveis de irradiância apresentam maior concentração de zeaxantina pela conversão de violaxantina nesse carotenoide, envolvendo os componentes do ciclo das xantofilas e indicando uma maior capacidade de dissipação de energia luminosa na forma de calor em comparação com as folhas submetidas a menores irradiâncias. Quando a irradiância de saturação é atingida, a concentração de prótons no lúmen do tilacoide é suficiente para ativar a enzima violaxantina de-epoxidase, que converte violaxantina em anteraxantina e zeaxantina. Essa conversão depende de alguns fatores, como: (i) tamanho do pool de violaxantina, (ii) fração de violaxantina que está disponível para de-epoxidação, (iii) pH do lúmen e (iv) presença de ascorbato.

O pool de violaxantina depende da espécie e condição de crescimento, e geralmente aumenta sob alta irradiância ou quando outro estresse afeta a atividade fotossintética. Geralmente, a acidificação do lúmen para a de-epoxidação ocorre quando a intensidade de luz excede a capacidade fotossintética. Provavelmente, sob alta irradiância, a taxa de transporte de elétrons é elevada, com consequente acidificação do lúmen devido ao armazenamento momentâneo de prótons, de modo a estabelecer um gradiente de pH favorável à atividade da violaxantina de-epoxidase, que atua em pH ácido.

Além dos componentes do ciclo das xantofilas, o β-caroteno e a luteína, cujas concentrações são altas sob elevadas irradiâncias, parecem importantes como um mecanismo de fotoproteção. Registre-se que o β-caroteno é um potente extintor de clorofila tripleto nos complexos-antena e, portanto, o incremento de sua concentração indica uma maior capacidade de fotoproteção das folhas submetidas a elevadas irradiâncias.

Sistema antioxidante

O excesso de energia luminosa desencadeia a produção de compostos tóxicos, como as espécies reativas de oxigênio. Quando a capacidade de dissipação do excesso de energia de excitação é saturada, a atuação eficiente do sistema enzimático pode ser de fundamental importância na proteção celular, limitando a ocorrência do estresse oxidativo. A enzima superóxido dismutase (SOD) é distribuída em vários compartimentos celulares (*e.g.* mitocôndria, cloroplasto), a peroxidase do ascorbato (APX) é tipicamente cloroplastídica e a catalase (CAT) restringe-se basicamente aos peroxissomos. Registre-se que a CAT é a principal enzima responsável pela remoção de H_2O_2 produzido na fotorrespiração e, portanto, a maior ou menor plasticidade dessa enzima deve refletir, pelo menos indiretamente, variações na magnitude da taxa de fotorrespiração na copa.

Estudos com sementes ortodoxas têm verificado que a manutenção do sistema antioxidante ativo tem contribuído para um maior poder germinativo das sementes e que a redução do vigor está associada com menor atividade das enzimas antioxidantes. A tolerância de plantas de alface, milho e outras espécies a diversos estresses abióticos está relacionada com a expressão de genes do metabolismo antioxidativo. Dessa forma, o funcionamento de um sistema enzimático antioxidante eficiente contribui para mitigação do estresse e concorre para o desenvolvimento vegetal.

Transporte de solutos orgânicos

O floema é um tecido vivo provido de organelas e especializado no transporte. Trata-se do tecido importante na condução de produtos indispensáveis para o desenvolvimento vegetal. O floema é formado por células condutoras denominadas elementos de tubos crivados (ETC). Os ETC dependem metabolicamente de células adjacentes conhecidas como células companheiras (CC). Por se tratar de um tecido vivo, a resistência ao transporte no floema é maior quando comparada com a resistência do transporte no xilema. As células companheiras podem ser de três tipos: (i) ordinárias com número variáveis de plasmodesmos promovendo o transporte tanto simplasto quanto apoplasto; (ii) células companheiras intermediárias com numerosas conexões e participando de transporte simplasto sem gasto de energia; (iii) células companheiras de transferências com poucas conexões adjacentes e com transporte apoplasto com gasto de energia.

Coleta e composição da seiva

Por se tratar de um tecido vivo, os estudos envolvendo a coleta de compostos do floema se tornam uma atividade laboriosa com envolvimento de técnicas minuciosas com necessidade de elevada precisão. A coleta de seiva do floema é um trabalho bastante complexo em função da pressão positiva do tecido. Ao fazer uma incisão, ocorre um ponto de perda de pressão com extravasamento de seiva do floema. A redução da pressão decresce o potencial hídrico, estabelece um gradiente e resulta em transporte de água para a região da incisão e consequente diluição da seiva.

A técnica mais confiável (melhor) de coleta de seiva do floema é utilizando o estilete do afídeo. Este tem aparelho bucal de pequeno calibre, tão afiado quanto um alfinete que é inserido no elemento crivado. O principal composto transportado na maioria das espécies vegetais é a sacarose. A concentração desse açúcar no floema varia de 0,3 a 0,9 M dependendo de espécie, condições ambientais e fase de crescimento. Além da sacarose, encontram-se no floema os principais hormônios: auxinas, citocininas, giberelinas e ácido abscísico, além de brassinosteroides e nutrientes minerais, como potássio, magnésio e aminoácidos. Ácido abscísico, citocininas e brassinosteroides são mais transportados no xilema que no floema, mas são encontrados no floema.

Taxa de movimento

A velocidade de transporte de assimilados no floema varia de 30 a 150 cm/h com velocidade média de 100 cm/h. Essas velocidades são muito maiores do que seriam se o transporte no floema fosse decorrência basicamente de difusão. Como o floema está sob pressão, o transporte ocorre de regiões de maior pressão para regiões de menor pressão e essa diferença faz com que a magnitude do transporte seja bem maior do que as taxas de difusão.

As diferenças de pressão entre fonte e dreno são da ordem de 0,5 MPa, trata-se de uma pressão relativamente alta para uma velocidade de transporte baixa em função da resistência, pois o floema é um tecido com presença de estruturas vivas. A taxa de transferência de massa gira entre 1 a 15 g cm^{-2} h^{-1}. As plantas em estágio reprodutivo apresentam elevada demanda por assimilados, podendo, nessa fase, o transporte e a transferência de massa assumirem valores mais significativos.

Transição dreno-fonte em folhas

A fonte é todo órgão que exporta assimilados, enquanto dreno é todo órgão que importa assimilados. Dessa forma, a fonte, além de produzir para a própria manutenção, exporta assimilados, enquanto o dreno pode até produzir assimilados, mas em magnitude insuficiente para manutenção e, por isso, precisa importar. A transição de dreno para fonte refere-se ao momento em que a folha é capaz de produzir fotoassimilados em quantidade excedente à sua necessidade metabólica, ou seja, passa da condição de importador para exportador de assimilados. Geralmente, quando uma folha atinge 25% da expansão máxima, inicia-se a transição dreno-fonte e com 50% da expansão máxima torna-se fonte. Em alguns casos, menos comuns, a transição só ocorre quando a folha atinge 100% da expansão máxima. A maturação do tecido foliar segue um padrão basípeto (do ápice para a base), de forma que o ápice se torna fonte antes da base.

Mecanismo de transporte

O pesquisador Ernest Van Much propôs, entre os anos de 1927 e 1930, que o transporte no floema ocorria em resposta a um gradiente de pressão hidrostática. Essa teoria sofreu vários questionamentos ao longo das décadas, no entanto é a mais aceita. Segundo essa teoria, existem regiões produtoras de assimilados (exportadoras) e consumidoras (importadoras). A produção de açúcares reduz o potencial osmótico, estabelece um gradiente de potencial hídrico, aumenta o fluxo de água para regiões produtoras com consequente incremento do potencial de pressão. Nos drenos, o consumo de açúcares aumenta o potencial osmótico, o efluxo de água e reduz o potencial de pressão. Essa diferença de pressão entre o floema na altura da fonte e do dreno representa a força motora do transporte de assimilados, de forma que o transporte da seiva do floema é movido por um gradiente de pressão.

No floema, na altura da fonte, a entrada dos assimilados dentro do complexo ETC/CC (carregamento) cria um potencial osmótico em torno de -3 MPa. A concentração de sacarose na fonte é no mínimo o dobro do que se observa no mesofilo. Esse carregamento vai se traduzir numa redução do potencial osmótico e hídrico, que, por sua vez, leva a uma absorção de água. No floema à altura do dreno, ocorre exatamente o inverso, pois o descarregamento (saída dos assimilados do floema) para as células do dreno resulta em aumento do potencial osmótico e efluxo de água do floema e redução do potencial de pressão.

Predição do modelo

Existem quatro predições para o fluxo de assimilados governado pelo potencial de pressão:

1. as placas crivadas devem estar desobstruídas. Como o floema está sob pressão, quando é feito um corte, as proteínas se movimentam e podem depositar-se nas placas crivadas, impedindo o fluxo de assimilados;
2. bidirecionalidade – se o movimento ocorre em resposta a uma diferença de potencial de pressão, em um único tubo crivado o transporte é unidirecional;
3. energia metabólica – o carregamento pode demandar energia, mas o transporte ocorre passivamente;

4. o fluxo de assimilados é governado por um gradiente de potencial de pressão.

Carregamento do floema

No carregamento tem-se a produção de assimilados na célula do mesofilo e entrada no complexo ETC/CC. Em algumas espécies, as células do complexo ETC/CC são isoladas em termos de plasmodesmas das demais células da bainha do feixe e para a sacarose entrar nesse complexo é necessário atravessar membranas, pois o acúmulo de sacarose por um fluxo passivo a partir da membrana seria completo e difícil. Nesse caso, junto ao ETC existe a CC de transferência, com poucas conexões com células adjacentes. Assim, estão envolvidas H^+– ATPases localizadas nas membranas do complexo ETC/CC que bombeiam prótons para o apoplasto das células do complexo ETC/CC e os prótons são utilizados no transporte da sacarose. Quando a sacarose chega ao interior das células do complexo ETC/CC, ela pode ser transportada. O carregamento apoplástico é comum em plantas de beterraba e o simplástico é típico de espécies arbóreas, como abobrinha, melão e outras espécies (Figura 26).

Figura 26 – Modelos de carregamento do floema

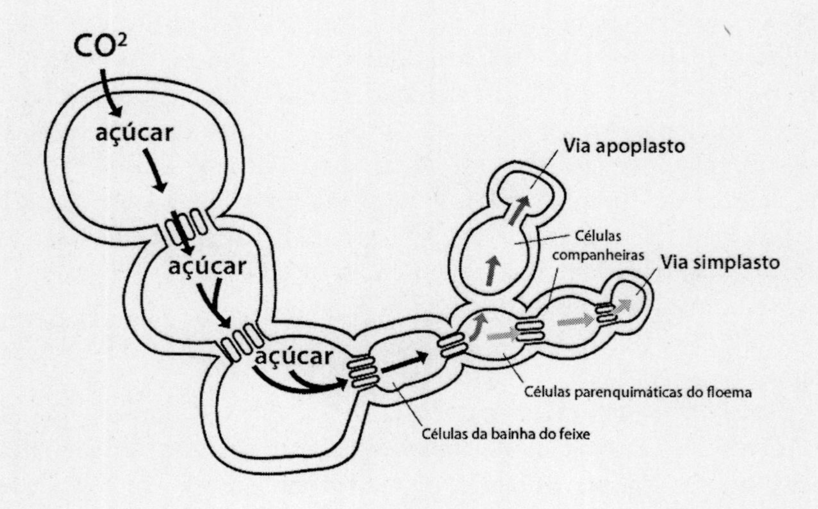

Fonte: Matos *et al.* (2019)

Descarregamento do floema

O descarregamento é a saída dos assimilados das células do floema para os drenos. Desde que o dreno tenha alta atividade metabólica, a concentração de sacarose nessa região será baixa pela rápida utilização dos assimilados, permitindo a formação de um gradiente de concentração de sacarose entre a fonte e o dreno. O descarregamento é na maioria das vezes feito de maneira passiva, ou seja, sem gasto de energia, tipo simplasto, mas pode ocorrer o descarregamento com gasto de energia via apoplástica.

Capacidade de descarregamento

Nas espécies com carregamento apoplástico, quando as folhas são dreno, o descarregamento normalmente é simplástico (via plasmodesmas). Com a transição para dreno-fonte, essa capacidade de descarga simplástica é perdida, ou seja, a folha perde a capacidade de drenar assimilados. As hipóteses para a perda dessa capacidade são:

a. obstrução dos plasmodesmas;

b. redução na frequência de plasmodesmas;

c. ruptura ou deslocamento de plasmodesmas devido à expansão foliar.

Uma folha expandida colocada sob obscuridade deixará de exportar assimilados pela ausência de fotossíntese, ou seja, não produz assimilados. Se a obscuridade for mantida, no momento em que as reservas da folha forem esgotadas, a manutenção demandará importação de assimilados. O que se verifica nesse caso é que os assimilados alcançam a folha, mas não são descarregados normalmente, ficando restritos às nervuras foliares. Isso é comum em gramado coberto por lona, em eventos com duração de alguns dias. As folhas maduras do gramado não são capazes de descarregar assimilados, apresentam amareladas e não são restauradas, antes a planta investe em novas folhas no gramado.

Força do dreno

O direcionamento de assimilados para um dreno "x" em detrimento de um dreno "y" é governado pela força do dreno, que, por sua vez, depende do tamanho do dreno e de sua atividade. Quanto maior o tamanho ou a atividade, ou ambos, maior a força do dreno. O tamanho do dreno refere-se à quantidade de frutos ou ao volume de raízes, enquanto a atividade do dreno diz respeito à capacidade intrínseca de cada dreno importar assimilados. Em resumo, quanto maior a importação de assimilados pelo dreno, menor o potencial de pressão no floema à altura do dreno, levando à tendência termodinâmica de aumentar o fluxo de assimilados.

Essa capacidade de importar assimilados é compreendida por minucioso conhecimento fisiológico das particularidades de cada órgão vegetal e carece de um tópico especial para discussão, no entanto cabe neste espaço uma provocação. No período reprodutivo de enchimento, os grãos são os drenos prioritários, mas se nesse estádio a planta atravessa um déficit hídrico, as raízes incrementam o crescimento e, para receber mais assimilados, nesse caso, houve alteração na partição de assimilados e, consequentemente, na relação fonte-dreno.

Os frutos em desenvolvimento são drenos fortes e exercem preferência na importação de assimilados pela elevada capacidade intrínseca de descarregamento e utilização. Na fase de crescimento inicial, os frutos são drenos de utilização e posteriormente, na maturidade, passam a dreno de armazenamento. No estádio vegetativo, o sistema radicular representa o dreno de maior capacidade de importação de assimilados pela não realização de fotossíntese e elevada demanda respiratória para produção de energia e custeio da absorção de nutrientes minerais.

Relação fonte-dreno e produtividade

A relação fonte-dreno tem estreita importância para a produtividade agrícola, pois quaisquer alterações nos órgãos de exportação e/ou importação promovem alterações significativas na produção final. A presença de plantas bienais, como o cafeeiro, que apresenta alta produtividade em um ano e baixa produção de grãos no ano seguinte, é corriqueira em nosso cotidiano agrícola e essa bienalidade tem estreita ligação com a relação fonte-dreno. Em ano de alta produção, os drenos importam muitos assimilados e causam um certo "depauperamento" da planta, mais especificamente nas estruturas vegetativas, que demoram mais um ano para o restabelecimento.

A planta de soja tem potencial produtivo muito superior aos rendimentos obtidos nas lavouras das regiões produtoras, pois, além de os fatores de produção nunca estarem em níveis ótimos para a plena manifestação do potencial genético, a relação fonte-dreno tem estreita importância, já que nos períodos após a floração, principalmente nos estádios de formação das vagens e enchimentos de grãos, a demanda de assimilados é muito grande, a ponto de as fontes não conseguirem suprir integralmente as demandas dos drenos. Dessa forma, a planta produz menos em função da necessidade de abortamento de vagens. Soma-se a isso o fato de o pequeno espaçamento da soja promover um fechamento das linhas e ruas, de forma a promover intenso sombreamento das folhas fontes baixeiras e, consequentemente, reduzir a produção de assimilados em folhas baixeiras. Isso justifica a menor produção de grãos na parte baixeira da planta. Para tentar solucionar o problema, novos materiais com folhas mais eretas são lançados no mercado, no intuito de promover menor extinção da radiação ao longo do dossel.

A Figura 27 demonstra que o tratamento de plantas de soja com citocinina aumenta a força dreno, aumenta a capacidade de importação de assimilados pelos grãos de soja, reduz o abortamento de vagens e incrementa a produtividade.

Figura 27 – Ilustração do abortamento de vagens em diferentes extratos e produtividade de plantas de soja submetidas a diferentes concentrações de benziladenina no estádio fenológico R_3

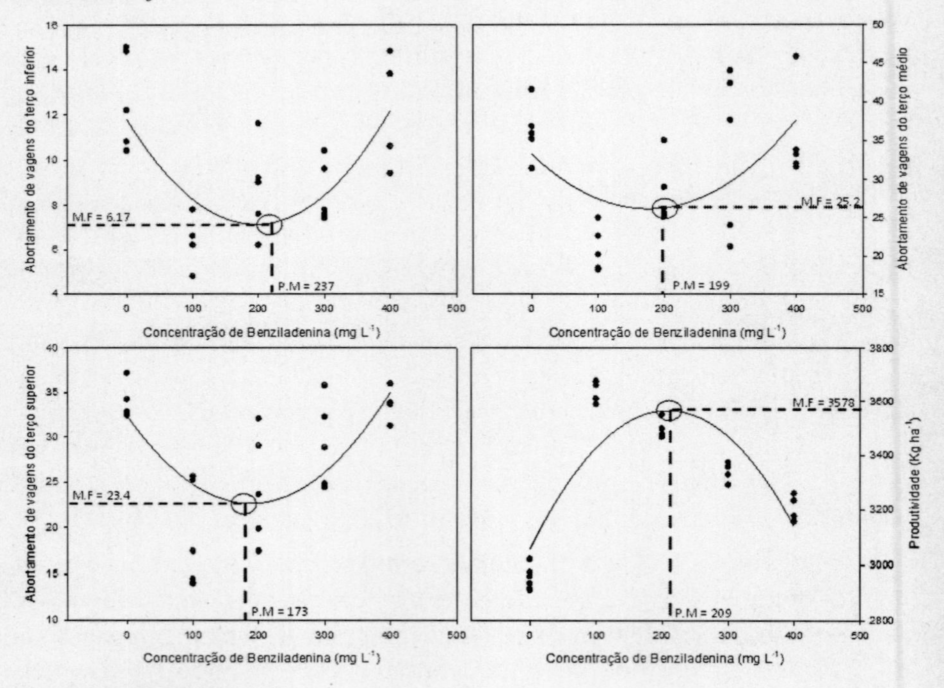

Fonte: Borges *et al.* (2014)

Exercícios de fixação

1. Como a fotossíntese pode ser classificada do ponto de vista termodinâmico?
2. Quais são os principais pigmentos fotossintéticos e qual a importância deles?
3. Discorra sobre os pontos de compensação e saturação de luz para plantas C_3 e C_4.
4. Qual a importância da água para a fotoquímica da fotossíntese?
5. Cite dois herbicidas inibidores dos fotossistemas da fotossíntese.
6. Cite duas diferenças entre as enzimas rubisco e PEP-Case.
7. Os incrementos anuais de CO_2 na atmosfera, aliados ao aumento de temperatura da superfície terrestre, podem alterar o zoneamento agroclimático e a produtividade vegetal. Analise e discorra sobre essa afirmação citando duas consequências para a fotossíntese.
8. Relacione o metabolismo fotossintético C_3 e C_4 com o controle de plantas daninhas.
9. Defina órgão fonte e órgão dreno.
10. Descreva o processo de maturação foliar.
11. Relacione a exigência de nitrogênio com o metabolismo fotossintético.
12. Qual a importância do nitrogênio para a fotossíntese?

Referências

BORGES, L. P. *et al.* Does Benzyladenine Application Increase Soybean Productivity. *African Journal of Agricultural Research*, [*s. l.*], v. 9, n. 37, p. 2799-2804, 2014.

MATOS, F. S. *et al. Folha Seca*: Introdução à Fisiologia Vegetal. 1. ed. Curitiba: Appris, 2019.

KERBAUY, G. B. *Fisiologia Vegetal*. 2. ed. Rio de Janeiro: Guanabara Koogan, 2008.

LOPES, N. F.; LIMA, M. G. S. *Fisiologia da Produção*. 1. ed. Viçosa: EdUFV, 2015.

TAIZ, L. *et al. Fisiologia Vegetal*. 6. ed. Porto Alegre: Artmed, 2017.

CAPÍTULO V

RESPIRAÇÃO E METABOLISMO DO NITROGÊNIO

A respiração é o principal processo de produção de energia prontamente utilizável nos diversos processos celulares. Trata-se de um importante processo biológico de oxidação de moléculas orgânicas para produção de energia e de esqueletos de carbono necessários à síntese de compostos primários e secundários. A respiração fornece ATP para manutenção do vegetal, crescimento e custeio da absorção de nutrientes minerais. Este capítulo tem como foco o estudo e a compreensão da respiração e sua relação com a produção vegetal.

Respiração

A respiração é um importante processo de disponibilização de energia para os inúmeros processos metabólicos que ocorrem a nível celular. São muitos os processos que demandam energia na planta, entre eles se destaca a absorção de nutrientes do solo. A disponibilidade de ATP é essencial para a absorção e o metabolismo desses elementos minerais, que proporcionam a realização da fotossíntese e nutrição da planta. A absorção de nutrientes é um processo ativo que demanda razoável gasto de energia proveniente da respiração celular.

A respiração celular é uma reação biológica na qual compostos orgânicos são oxidados de forma ordenada para a obtenção de energia química. Os principais substratos da respiração são carboidratos e lipídios. Esses substratos são oriundos da fotossíntese.

A energia livre gerada na respiração é armazenada na forma de moléculas energéticas, principalmente ATP, podendo ser prontamente utilizada no metabolismo e desenvolvimento da planta. A respiração é um dos processos mais importantes na produção de energia e esqueletos de carbono para os vegetais.

Nas células vegetais, grande parte do ATP é oriundo da respiração que ocorre no citossol e nas mitocôndrias. Essa organela possui autonomia nas células, uma vez que apresenta DNA, RNA e ribossomos próprios.

Os vegetais também podem produzir ATP por intermédio de vias anaeróbicas (contudo em menor quantidade) em condição de déficit de oxigênio. Essa rota alternativa apresenta maior simplicidade em relação ao número de reações e independe de mitocôndrias. Esta rota é importante em ambiente inundado ou solo compactado.

A taxa respiratória é variável nos diferentes órgãos da planta, estando em função da atividade metabólica de cada tecido, tipo de órgão, idade, ambiente e estação do ano. Cada órgão respira independentemente e recebe, via de regra, carboidratos (geralmente sacarose) para utilizar no processo de respiração celular. Todos os órgãos vegetais realizam respiração, porém em intensidades diferentes. As raízes em crescimento apresentam taxa de respiração mais elevada. Essa estrutura de sustentação retira do solo o oxigênio necessário para o desenvolvimento do processo respiratório.

O caule em crescimento apresenta taxa de respiração maior com a energia sendo disponibilizada para a formação de estruturas de desenvolvimento dos tecidos. O caule pode apresentar lenticelas, rupturas no tecido suberoso que auxiliam no transporte de oxigênio para o interior da planta em condição de alagamento.

As flores e frutos apresentam elevada demanda respiratória, além disso, no processo respiratório algumas substâncias podem ser liberadas durante a floração e promover a atração de polinizadores. No início do desenvolvimento, os frutos apresentam elevada taxa respiratória e no processo de maturação a respiração pode ser acelerada nos frutos climatéricos e acelerar a maturação.

As sementes, durante a retomada do desenvolvimento no processo germinativo, apresentam incremento da respiração em curva trifásica. A respiração durante a germinação das sementes é importante para a conversão das reservas em ATP para custear a retomada do crescimento e desenvolvimento da plântula. As folhas representam os órgãos com maior troca gasosa com o ambiente e a respiração tende a ser maior durante o crescimento da folha até atingir a maturidade. Durante o processo de senescência foliar, ocorre aceleração da respiração e posterior remobilização de reservas.

O processo respiratório completo é comumente dividido de acordo com a localização intracelular. A fase inicial é denominada glicólise e ocorre no citossol, a fase intermediaria é o ciclo dos ácidos tricarboxílicos ou ciclo de Krebs, que ocorre na matriz mitocondrial, e a última fase, a cadeia de transporte de elétrons, ocorre nas cristas mitocondriais.

Além da função básica de geração de energia, a respiração origina esqueletos carbônicos para vários outros processos bioquímicos. Essa considerável interação com outros processos metabólicos faz com que a respiração seja considerada um dos processos centrais do metabolismo vegetal.

A fotossíntese e a respiração são processos complementares. A fotossíntese ocorre no cloroplasto, utiliza energia solar e produz moléculas orgânicas. A respiração ocorre nas mitocôndrias, utiliza as moléculas orgânicas oriundas da fotossíntese e produz ATP. Todos os órgãos da planta respiram, contudo nem todas as partes vivas fazem fotossíntese (raízes). O substrato da respiração é oriundo da fotossíntese, com isso, os açúcares precisam ser transportados dos pontos principais de produção (folhas) para toda a planta.

A raiz não realiza fotossíntese, mas fornece energia para o processo de absorção de nutrientes minerais do solo e, dessa forma, necessita dos carboidratos oriundos da fotossíntese. Nas folhas, as plantas armazenam amido durante o período fotossintético e o mobilizam para processos respiratórios, de forma que variações muito intensas nas taxas respiratórias possam ser minimizadas. Nesse caso, a reserva pode ser considerada de curto prazo, pois o processo inteiro leva um único dia.

No decorrer do dia a sacarose oriunda da fotossíntese é translocada até o sistema radicular e respirada, resultando na produção de energia necessária para a absorção de nutrientes, síntese de componentes celulares e formação das estruturas secundárias.

É importante frisar que a fotossíntese depende da radiação solar e o período de luz é limitado ao dia, todavia os produtos da fotossíntese precisam ser armazenados e distribuídos de forma eficiente para os tecidos vivos no tempo e na medida certa.

Etapas da respiração

Glicólise

A glicólise ocorre no citossol e pode ter como substrato glicose, frutose, sacarose ou outros compostos que porventura estejam disponíveis em determinada concentração em momento específico. Iniciando a glicólise com o substrato glicose, haverá o consumo de dois ATPs e produção de quatro ATPs mais dois NADH, portanto, o saldo energético da glicólise é: dois ATPs e dois NADH. Inicialmente a glicose passa por uma etapa preparatória que envolve uma fosforilação da glicose em glicose-6-fosfato por ação de uma enzima cinase. Em seguida, a glicose é isomerizada em frutose-6-fosfato, que sofre uma série de reações até ser convertida em duas moléculas de gliceraldeído-3-fosfato e finalmente duas moléculas de piruvato, conforme demonstrado na Figura 28. O piruvato pode ser direcionado ao ciclo de Krebs ou via fermentativa.

Figura 28 – Ilustração do esquema resumido da glicólise.

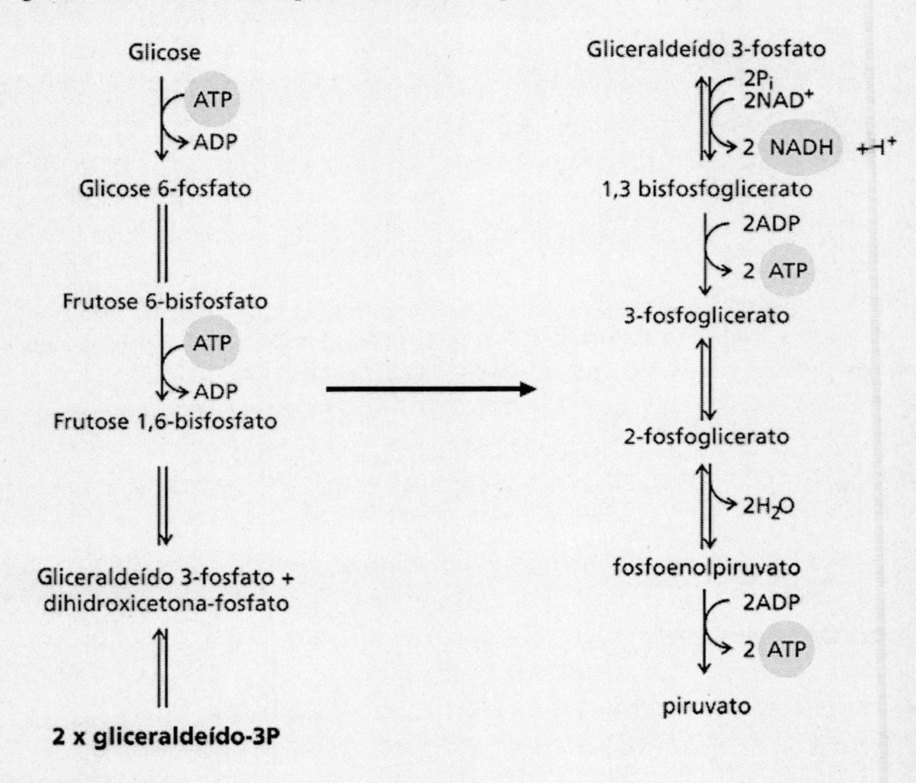

Fonte: os autores

Fermentação

A fermentação pode ser lática ou etanólica. O piruvato oriundo da glicólise pode ser convertido em lactato por ação da enzima desidrogenase do lactato com consumo de NADH e retorno de NAD^+. Esse tipo de fermentação reduz o pH do meio, inibe a ação da enzima desidrogenase do lactato e ativa a enzima piruvato descarboxilase, que converte piruvato em acetaldeído, que, em seguida, por ação da desidrogenase alcoólica, é convertido em etanol. A fermentação lática e alcoólica não tem grandes vantagens em número de ATPs, mas são processos importantes para ganho de ATP pela célula em condições de hipóxia (baixo oxigênio) ou em condições de anaerobiose. As fermentações láticas e alcoólicas costumam ocorrer em qualquer tipo de célula, no caso de vegetais a mais frequente é alcoólica porque a piruvato descarboxilase é estimulada por pH baixo (Kerbauy, 2008).

Ciclo de Krebs

O ciclo de Krebs ocorre na matriz mitocondrial. A primeira etapa é uma descarboxilação oxidativa. Ao mesmo tempo, o ácido pirúvico é descarboxilado e oxidado, formando o acetil-CoA, que sofre uma série de reações que se inicia com o oxaloacetato formando citrato e, por fim, regenerando o oxaloacetato. Nessa série de reações, ocorre a formação de oito NADH, dois $FADH_2$ e dois ATPs a partir dos dois piruvatos oriundos da glicólise.

Cadeia de transporte de elétrons e fosforilação oxidativa

A cadeia de transporte de elétrons e fosforilação oxidativa ocorre nas cristas mitocondriais. Nessa etapa ocorre a participação de alguns complexos:

a. complexo I: NADH desidrogenase;

b. complexo II: succinato desidrogenase;

c. complexo III: citocromo bc_1;

d. complexo IV: citocromo C oxidase.

A ATPsintase está acoplada à cadeia de transporte de elétrons e a fosforilação oxidativa é dependente do gradiente de prótons, gerado durante o transporte de elétrons. Em plantas, há também a presença da oxidase alternativa em algumas espécies. A presença dessa proteína torna a respiração resistente à aplicação de cianeto. Na cadeia de transporte de elétrons, cada NADH e $FADH_2$ oriundos do ciclo de Krebs resultarão na produção de três e dois ATPs respectivamente. O NADH oriundo da glicólise produz apenas dois ATPs na cadeia de transporte de elétrons por ser oxidado por NADH alternativas e não pelo complexo I. Dessa forma, o rendimento energético da respiração é de 36 ATPs, podendo variar um pouco para cima em função da rota enzimática a ser seguida e da interpretação com relação à quantidade de prótons que devem passar pela ATPsintase para produção de cada ATP. Para o cálculo desse rendimento, considera-se que na fosforilação são necessários três prótons acionando as subunidades da ATP sintase para produzir um ATP. Alguns autores consideram que são necessários quatro prótons acionando as subunidades da ATP sintase para promover fosforilação e produzir um ATP. Nessa última consideração, o rendimento da respiração seria de 30 ATPs.

Respiração e fitotoxidade

Os estresses abióticos em muitas ocasiões desencadeiam danos celulares que precisam ser reparados para o pleno metabolismo celular. Nessas circunstâncias, é comum o aumento da taxa respiratória para produção de esqueletos de carbono e energia necessários no reparo dos danos.

A incorreta aplicação de produtos químicos em plantios no campo causa fitotoxidade com prejuízos corriqueiramente severos nas folhas. Seria coerente o aumento da respiração celular para reparo dos danos, no entanto as lesões nas folhas implicam reduzida fotossíntese pelo comprometimento da área foliar e produção insuficiente de assimilados para fomentar as taxas respiratórias. É nessa situação que em campo aplica-se de 1,5 a 2 kg ha^{-1} de açúcar, que constitui substrato direto para a respiração. É necessário o desenvolvimento de pesquisas com razoável nível de aprofundamento para validação e recomendação dessa técnica de manejo rotineiramente utilizada em campo.

Respiração e temperatura

A temperatura acelera a respiração de forma exponencial. No intervalo entre 5 e 25 ºC, a respiração dobra com o aumento de 10 ºC. A fotossíntese também aumenta com o incremento da temperatura, no entanto não dobra nem cresce na mesma proporção da respiração. A partir de 35 ºC, os incrementos na fotossíntese são muito menos que os aumentos da respiração, dessa forma, passa a ocorrer um descompasso entre a reação de produção de substrato e a respiração que utiliza o substrato. A consequência pode ser a redução na produtividade, pois o custo metabólico aumenta, a exigência de energia para se manter viva fica maior, ou seja, a respiração de manutenção fica maior e a planta gasta mais energia para se manter ativa.

Dessa forma, com elevada demanda energética para manutenção, ocorre menor partição de reservas para a produção e os prejuízos no rendimento de produtos comerciais são reais.

A temperatura noturna também tem importância na produção vegetal, pois acelera a respiração em período do dia no qual o processo é atenuado. Soma-se a isso o fato de a planta não realizar fotossíntese no período noturno, dessa forma, aumentam-se os custos de manutenção sem possibilidade de aumento na fotossíntese e, como consequência, ocorre redução de produtividade.

Respiração, oxigênio, CO_2 e etileno

A disponibilidade de oxigênio é importante para a ocorrência da respiração aeróbica, pois esta é mais energética e favorável ao pleno metabolismo vegetal. A deficiência de oxigênio resulta no desenvolvimento da fermentação que produz menos energia e, com isso, prejudica os processos de absorção de nutrientes, pois essa aquisição requer grande demanda energética. A fermentação reduz o pH do citossol e inibe a atividade de aquaporinas, o que compromete também a absorção de água em plantas sensíveis ao ambiente de anoxia.

O CO_2 é produto da respiração e o acúmulo desse gás tende a desacelerar o processo respiratório. Dessa forma, poderíamos fazer uma inferência quanto ao aumento de CO_2 na atmosfera, pois, ao considerar apenas esse fator, estima-se que ocorreria incremento da fotossíntese e redução da respiração e, consequentemente, aumento de produtividade. No entanto, o aumento de CO_2 na atmosfera tem o incremento de temperatura e alterações nas precipitações ocorrendo de forma simultânea e a previsibilidade quanto à produtividade não é tão precisa como colocada acima. O etileno é o hormônio com mais estreita relação com a respiração, pois esse gás tende a incrementar a respiração e acelerar a maturação de frutos climatéricos. Essa relação entre etileno e respiração tem importância fundamental na conservação, no transporte e na distribuição de frutos.

Metabolismo do nitrogênio

O nitrogênio (N) é o elemento mineral exigido em maiores quantidades pelas plantas. Esse nutriente tem importância fundamental no metabolismo primário e secundário das espécies vegetais, além de exercer papel importante no crescimento vegetativo. O metabolismo desse elemento é um processo importante e necessário para a biossíntese de biomoléculas vitais, como aminoácidos (proteínas), nucleotídeos (ácidos nucleicos), clorofilas e metabólitos secundários. O nitrogênio existe em diversas formas no meio ambiente. A contínua interconversão dessas formas por processos físicos e biológicos constitui o ciclo do nitrogênio.

A maior parte do nitrogênio está na atmosfera (78%) sob a forma de nitrogênio molecular (N_2). Entretanto, esse quantitativo não está prontamente disponível para as plantas. Os vegetais absorvem o nitrogênio principalmente na forma de nitrato (NO_3^-) e/ou amônia (NH_3). A conversão do nitrogênio molecular em amônia ou nitrato é conhecida como fixação do nitrogênio e pode ser realizada por micro-organismos procariontes, alguns presentes nas raízes de certas plantas ou por fixação industrial para formar fertilizantes.

A reação de fixação do nitrogênio por processo industrial é responsável pela produção de mais de 80 x 10^{12} g ano^{-1} de fertilizantes nitrogenados. Os processos naturais fixam cerca de 190 x 10^{12} g ano^{-1} por meio dos seguintes processos: relâmpagos, reações fotoquímicas e fixação biológica do nitrogênio.

O nitrogênio fixado em amônio e nitrato passa por várias formas orgânicas antes de eventualmente retornar à forma de nitrogênio molecular.

Assimilação do nitrato

Para as plantas que não podem fixar o N_2, as únicas fontes de nitrogênio importantes são NO_3^- e NH_4^+. A maior parte do nitrogênio absorvido pelas plantas é na forma de NO_3^-, pois o NH_4^+ é facilmente oxidado a NO_3^- por bactérias nitrificantes.

O nitrato absorvido pelas raízes por meio de um transportador do tipo simporte é assimilado em compostos orgânicos nitrogenados. No citoplasma, o nitrato é reduzido a nitrito a partir da enzima nitrato redutase (NR), que utiliza como agente redutor o NADH ou NADPH como observado na reação:

$$\underset{+5}{NO_3^-} + 2\,e^- + 2\,H^+ \xrightarrow{NR} \underset{+3}{NO_2^-} + H_2O$$

A enzima nitrato redutase é a principal proteína, contendo molibdênio nos tecidos vegetais. A deficiência de molibdênio causa um acúmulo de nitrato devido à redução da atividade da nitrato redutase. A atividade da enzima pode ser regulada pela quantidade de nitrato, disponibilidade de luz e concentração de carboidratos. A luz e os níveis de carboidratos estimulam a enzima fosfatase, que desfosforila a nitrato redutase promovendo sua ativação. O aumento da atividade da nitrato redutase pela luz segue um ritmo diurno (dia-noite). A luz ativa os fotossistemas da fotossíntese, promovendo aumento do transporte de nitrato (a partir do fornecimento de ATP) do vacúolo para o citossol, induzindo a nitrato redutase. O magnésio e o escuro estimulam a proteína quinase, a qual fosforila a enzima nitrato redutase promovendo sua inativação. Esse tipo de regulação possibilita um controle mais rápido do que o obtido por meio da síntese e degradação da enzima.

O nitrato pode ser incorporado em compostos orgânicos tanto nas raízes como na parte aérea. Algumas espécies (cardo, aveia e trevo branco) possuem maior potencial para metabolizar o nitrogênio em moléculas orgânicas nas raízes, enquanto outras (rabanete e ervilha) transportam a maior parte do nitrato para a parte aérea na qual será incorporado em compostos orgânicos, no entanto muitas espécies, como feijoeiro, milho e girassol, possuem potencial de assimilação de nitrogênio na raiz e parte aérea.

As raízes de cardo não reduzem quase nenhum nitrato, de modo que, aparentemente, dependem de aminoácidos translocados no floema das folhas. No tremoço, quase todo nitrato é absorvido e transformado em aminoácidos e amidas nas raízes.

O nitrito produzido a partir da reação da enzima nitrato redutase é rapidamente transportado do citossol para o interior dos cloroplastos nas folhas e nos plastídios nas raízes. Isso se deve ao fato de que o nitrito é altamente reativo e potencialmente tóxico, podendo causar sérios danos aos componentes citoplasmáticos.

Nos cloroplastos e plastídios a enzima nitrito redutase (NiR) reduz o nitrito a amônio conforme a reação:

$$\underset{+3}{NO_2^-} + 6\,e^- + 8\,H^+ \xrightarrow{NiR} \underset{-3}{NH_4^+} + 2\,H_2O$$

A ferrodoxina fornece elétrons para a redução do nitrito por meio do acoplamento do fluxo de elétrons da fotossíntese. A síntese da enzima nitrito redutase é induzida pela luz e pela quantidade de nitrato e inibida pelos seus produtos. As células vegetais evitam a toxicidade do amônio a partir da rápida conversão em aminoácidos.

A conversão do amônio em aminoácidos é realizada a partir da ação sequencial das enzimas glutamina sintetase e glutamato sintetase. A glutamina sintetase (GS) combina o amônio com o glutamato para formar a glutamina:

Glutamato + NH_4^+ +ATP → glutamina + ADP + P_i

Para ocorrer essa reação é necessário energia (ATP) e um cátion bivalente, como Mg^{2+}, Mn^{2+} ou Co^{2+}, como cofator. Existem duas classes de GS, uma no citossol e outra nos plastídios das raízes ou nos cloroplastos das partes aéreas. A GS localizada no citossol é responsável pela produção de glutamina para o transporte de nitrogênio intracelular. A GS nos plastídios das raízes forma nitrogênio amida, que é consumido localmente, enquanto o GS dos cloroplastos reassimila o amônio (NH_4^+) da fotorrespiração.

O aumento dos níveis de glutamina nos plastídios estimula a atividade da glutamato sintase (conhecida como glutamina:2-oxoglutarato amino-transferase, ou GOGAT). Essa enzima transfere o grupo amida da glutamina para o 2-oxoglutarato produzindo duas moléculas de glutamato. As plantas apresentam dois tipos de GOGAT: uma recebe elétrons do NADH e outra, elétrons da ferredoxina (Fd).

Reação 1: Glutamina + 2-oxoglutarato + NADH + H^+ → 2 glutamato + NAD^+

Reação 2: Glutamina + 2-oxoglutarato + Fd_{red} → 2 glutamato + Fd_{ox}

A glutamato sintase envolvida na reação 1 (NADH-GOGAT) está localizada nos plastídios de tecidos não fotossintéticos, como raízes ou feixes vasculares. Nas raízes, a NADH-GOGAT está envolvida na assimilação do NH_4^+ absorvido da rizosfera, enquanto a NADH-GOGAT assimila a glutamina translocada das raízes. A GOGAT dependente de ferredoxina é encontrada nos cloroplastos e age no metabolismo fotorrespiratório do nitrogênio.

O nitrogênio assimilado em glutamina e glutamato é incorporado em outros aminoácidos por meio de reações de transaminação. Essas reações são realizadas pelas enzimas conhecidas como aminotransferases. O aspartato amino-transferase catalisa a reação que forma o aminoácido aspartato. O aspartato está envolvido em diversas reações, como no transporte malato-aspartato, no processo de transferência de equivalentes redutores das mitocôndrias e cloroplastos para o citosol e no transporte do carbono a partir das células do mesofilo até a bainha do feixe vascular na fixação do carbono em plantas C_4.

Outra aminotrasferase é a asparagina sintetase (AS). Essa enzima é responsável pela produção do aminoácido asparagina, o qual é elemento-chave no transporte e armazenamento do nitrogênio devido à sua estabilidade e alta razão nitrogênio: carbono (2N:4C).

A principal rota de síntese da asparagina envolve a transferência do nitrogênio amida da glutamina para a asparagina:

Glutamina + aspartato + ATP → asparagina +glutamato + AMP + PPi

Em condições de ampla energia (altos níveis de luz e de carboidratos) ocorre o estímulo das enzimas GS e GOGAT e inibição da AS, favorecendo a assimilação de nitrogênio em glutamina e glutamato, os quais participam da síntese de novos compostos nos vegetais. Em condições de baixa energia, ocorre a inibição da GS e da GOGAT e a estimulação da AS, resultando na assimilação do nitrogênio em asparagina, um composto rico em nitrogênio e suficientemente estável para ser transportado em longas distâncias e armazenado por muito tempo.

Fixação biológica do nitrogênio

A fixação biológica representa a forma mais importante de conversão do nitrogênio atmosférico (N_2) em amônio, promovendo o ingresso do nitrogênio molecular no ciclo biogeoquímico desse nutriente.

Esse processo é realizado apenas por micro-organismos procariontes, entre eles bactérias de vida livre no solo, cianobactérias livres e em associação simbiótica com fungos ou liquens e as bactérias ou micróbios associados simbioticamente com raízes, especialmente as de leguminosas. A fixação do nitrogênio por esses organismos é de grande importância para a agricultura.

Em leguminosas, as espécies de bactérias dos gêneros *Rhizobium, Bradyrhizobium* e *Azorhizobium* (coletivamente chamados de rizóbios) são as responsáveis pela fixação do nitrogênio.

A fixação do nitrogênio ocorre por meio da enzima nitrogenase, a qual é inativada irreversivelmente pelo oxigênio. A fixação do nitrogênio deve ocorrer sob condições anaeróbicas. Assim, cada organismo fixador de nitrogênio atua em condições naturais de ausência de oxigênio ou desenvolve condições internas de anaerobiose. Nas leguminosas, as bactérias fixadoras de nitrogênio induzem a formação de nódulos nas raízes.

A simbiose entre as leguminosas e os rizóbios não é obrigatória. Entretanto, sob condições limitantes de nitrogênio, os simbiontes procuram uns aos outros, por meio de trocas de sinais.

A associação entre os rizóbios e as células radiculares ocorre inicialmente por meio da infecção do pelo radicular pela bactéria. O pelo radicular enrola-se e cerca as bactérias. O enrolamento é causado por moléculas liberadas pelas bactérias. A liberação dessas moléculas é estimulada por compostos liberados pelas raízes e pelos radiculares. Em seguida, as enzimas degradam a parede celular e permitem a entrada de bactérias para o interior das células radiculares. Ocorre a formação de um canal de infecção, que é uma extensão interna tubular da membrana plasmática. Na região mais profunda do córtex, próximo ao xilema, as células corticais começam a se dividir formando uma área denominada de primórdio nodular, na qual se desenvolve o nódulo.

O canal de infecção, preenchido pelos rizóbios em proliferação, alonga-se por meio do pelo radicular e das camadas de células corticais em direção ao primórdio nodular. Quando o canal atinge as células do primórdio nodular, a membrana plasmática do tubo de proliferação se rompe liberando os rizóbios. Inicialmente, as bactérias continuam a se dividir e a membrana que as envolve aumenta de superfície para acomodar esse crescimento. A partir de um sinal da planta, as bactérias param de se dividir e começam a aumentar de tamanho e diferenciar-se em organelas endosimbióticas fixadoras de nitrogênio denominadas bacterioides.

A fixação biológica do nitrogênio produz amônia a partir do nitrogênio molecular segundo a reação:

$$\mathbf{N_2 + 8e^- + 8H^+ + 16\ ATP \rightarrow 2\ NH_3 + H_2 + 16ADP + 16\ Pi}$$

Essa reação acorre a partir da enzima nitrogenase, a qual é inativada sob condições aeróbias. Nos nódulos, a concentração de oxigênio é regulada e mantida suficientemente baixa para evitar a inativação da nitrogenase. Os nódulos possuem uma proteína heme que se liga ao oxigênio chamada leg-hemoglobina, estando presente em altas concentrações nas células dos nódulos, conferindo a esses nódulos uma cor rosada. A leg-hemoglobina apresenta uma alta afinidade pelo oxigênio, mantendo os seus níveis baixos.

Estresse nutricional

As plantas são dependentes dos nutrientes essenciais para completarem o ciclo fenológico, no entanto a curva de crescimento vegetal apresenta um nível ótimo para o pleno desenvolvimento vegetal, sendo assim, é necessária uma adequada disponibilidade de nutriente para obtenção de altas produções e, dessa forma, se deve evitar deficiência ou excesso de nutrientes. Cerca de 80% do ferro encontrado nas plantas localiza-se nos cloroplastos, os quais são constituintes de inúmeros componentes do aparato fotossintético, como citocromo Fe-S e outros.

A deficiência de ferro reduz a taxa de carboxilação da ribulose 1,5 bisfosfato por interferir na expressão do gene que ativa a rubisco, além de reduzir a concentração de pigmentos na folha. Dessa forma, a deficiência de ferro poderá resultar em acúmulo de energia fotoquímica, fotoinibição da fotossíntese e danos oxidativos. Além disso, algumas enzimas antioxidantes que contém Fe são reduzidas com sua deficiência, como superóxido dismutase e ascorbato peroxidase. Isso explica o aparecimento de clorose em folhas com deficiência de ferro. No entanto, o excesso de ferro na folha pode contribuir para a redução das enzimas catalase e superóxido dismutase e clorofilas.

O nitrogênio é constituinte de muitos componentes das células de plantas, como: aminoácidos, bases nitrogenadas, clorofila e outros. Portanto, plantas em crescimento requerem grandes quantidades de nitrogênio. A deficiência desse nutriente ocasiona redução da expansão celular, acentuado decréscimo na fotossíntese e senescência foliar. Isso acontece porque mais da metade do nitrogênio presente nas plantas é alocado para o aparato fotossintético. A concentração de rubisco e clorofilas por unidade de área foliar decresce acentuadamente com a deficiência de nitrogênio, no entanto o decréscimo da rubisco é maior, reduzindo as atividades no ciclo de Calvin, podendo resultar em excesso de energia fotoquímica, fotoinibição e danos oxidativos.

As plantas crescendo sob deficiência de N não apresentam apenas redução da capacidade fotossintética, mas também redução nas concentrações de clorofilas e rendimento quântico da fotossíntese. As plantas C_3 *são mais exigentes em nitrogênio e,* em condição de estresse nutricional oriundo de baixa disponibilidade no solo ou insuficiente para atender duas culturas em ambiente competitivo, as espécies de metabolismo C_3 sofrem maior limitação de fotossíntese, acúmulo de biomassa e produção (Matos *et al.*, 2014; Santos *et al.*, 2018). O conteúdo de nitrogênio na biomassa das folhas de plantas C_3 para atingir a máxima fotossíntese gira em torno de 6,5 a 7,5% enquanto nas plantas C_4 fica em torno de 3 a 4,5%. Além disso, as plantas C_4 precisam investir de 10 a 25% do nitrogênio foliar em enzimas de carboxilação e as plantas C_3 em torno de 40 a 50%.

A deficiência de boro (B) pode limitar o crescimento das plantas, principalmente em solos de ambientes áridos e semiáridos. Plantas com deficiência de B reduzem a condutância estomática e apresentam cutícula foliar mais espessa, promovendo uma redução da taxa transpiratória levando a uma menor absorção de água. Em condições de estresse hídrico, a deficiência de B pode agravar a situação.

Os sintomas da deficiência do B são primeiramente observados em partes da planta com crescimento ativo (meristemas). Outro sintoma é a redução da capacidade fotossintética da planta, pois a limitação de B promove decréscimo na assimilação de CO_2 pela redução da reação de Hill (fotólise da água) e na concentração intracelular de CO_2. A diminuição da evolução fotossintética do oxigênio pode estar correlacionada com a redução do conteúdo de clorofila e transporte de elétrons.

A regulação da assimilação de CO_2 pode ocorrer também por feedback". Em condições de deficiência de B, ocorre um acúmulo de amido e hexoses, que são os produtos da reação fotossintética. O aumento da concentração desses produtos pode interferir no funcionamento dos cloroplastos e/ou pode inibir a atividade de enzimas fotossintéticas. Com a redução da assimilação de CO_2 pode ocorrer excesso de energia fotoquímica e fotoinibição da fotossíntese com danos ao aparato fotossintético. As plantas sob deficiência de B demonstraram maior atividade das enzimas superóxido dismutase, ascorbato peroxidase, glutationa redutase e um maior conteúdo de antioxidantes não enzimáticos, como o ácido ascórbico e a glutationa.

Exercícios de fixação

1. Relacione a respiração de manutenção com a produtividade vegetal.
2. Relacione a respiração com a fitotoxidade oriunda de herbicidas.
3. Quais as implicações das elevadas temperaturas noturnas na respiração e produtividade?
4. Relacione a biomassa da planta com a respiração de manutenção e de crescimento.

5. O que teoricamente se espera da respiração com o aumento de CO_2 na atmosfera?
6. Quais as vantagens do metabolismo do nitrogênio na folha?
7. Qual a consequência da deficiência de molibdênio para a redutase do nitrato?
8. Relacione as deficiências de ferro e boro com a fotossíntese e defesa vegetal.
9. A deficiência de nitrogênio no solo tem implicações mais graves para plantas C_4?
10. Relacione a respiração com a absorção de nutrientes.

Referências

KERBAUY, G, B. *Fisiologia Vegetal*. 2. ed. Rio de Janeiro: Guanabara Koogan, 2008.

MATOS, F. S. *et al.* Response of *Jatropha curcas* plants to changes in the availability of nitrogen and phosphorus in oxissol. *Academic Journal*, [*s. l.*], v. 9, p. 3581-3586, 2014.

SANTOS, P. G. F. *et al.* Growth of *Jatropha curcas* plants submitted to water deficit and increasing nitrogen doses. *Australian Journal of Crop Science*, [*s. l.*], v. 12, n. 2, p. -259, 2018.

CAPÍTULO VI

HORMÔNIOS VEGETAIS

Os hormônios vegetais são substâncias orgânicas, não nutrientes e produzidos em baixas concentrações. Esses compostos controlam praticamente todo o metabolismo vegetal e são vitais ao desenvolvimento das plantas. A produção de reguladores vegetais, manipulados em laboratório com ação hormonal para a produção de inúmeros bioestimulantes, tornou-se rotina no século XXI de tal forma que o uso dessas substâncias apresenta-se como prática promissora para diversas espécies vegetais herbáceas, arbustivas e arbóreas. Este capítulo visa a mergulhar profundamente nas ondas dos reguladores de crescimento, com embasamento prático do uso dessas substâncias em áreas comerciais exploradas por culturas de ciclo curto ou perenes.

Aspectos gerais

Os hormônios vegetais são mensageiros químicos primários. Trata-se de substâncias orgânicas naturais, biologicamente ativas a concentrações muito baixas. São mensageiros químicos que transmitem uma diversidade de informações intracelulares e permitem uma amplificação dos sinais, produzindo respostas de enorme magnitude em baixas concentrações. Os hormônios vegetais, diferentemente dos hormônios animais, não são produzidos em glândulas especiais, mas são sintetizados em diferentes órgãos do vegetal e nem sempre necessitam ser transportados a outra zona para exercer o efeito.

A denominação de regulador de vegetal é dada à substância sintética que produz efeitos similares ao hormônio. De acordo com essa definição, todos os hormônios são reguladores de vegetais, mas nem todos os reguladores vegetais são hormônios. A terminologia mais adequada seria reguladores vegetais, pois as diversidades de processos metabólicos regulados não são restritas ao crescimento, sendo assim, regulador de crescimento está em desuso. A ação hormonal envolve a percepção por um receptor, transdução e resposta ao sinal conforme destacado na Figura 29.

Observe que inicialmente uma condição ambiente desencadeia a maior produção endógena do hormônio vegetal giberelina. Na membrana, essa maior produção do hormônio é identificada pelo receptor hormonal que transmite a informação para um mensageiro secundário (Ca^{+2}). Em seguida, ocorrem os processos de transcrição e tradução que culminam com a produção da enzima α-amilase, que atua fortemente no processo de germinação de sementes.

Figura 29 – Esquema ilustrativo da percepção do hormônio, transdução e desencadeamento da germinação.

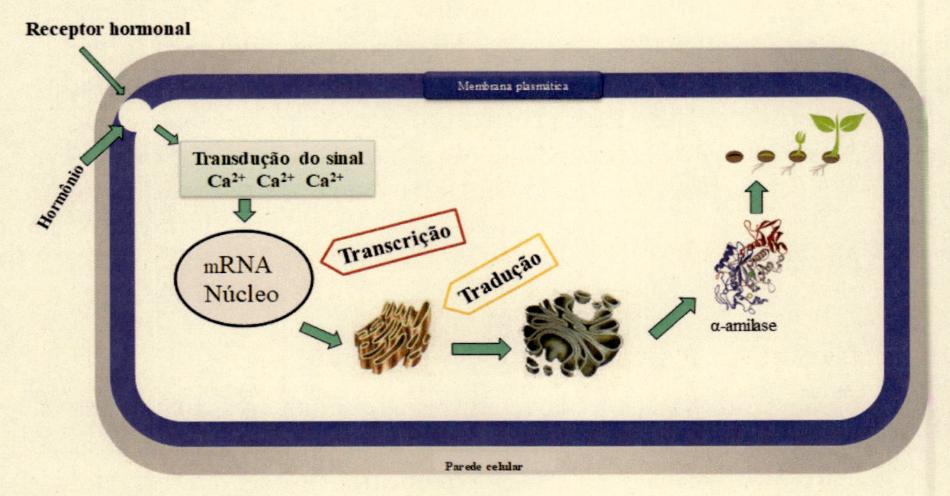

Fonte: Matos *et al.* (2019)

Os hormônios vegetais podem ser classificados em duas categorias: i) hormônios que estimulam o crescimento: auxina, citocinina, giberelina e brassinosteroides e ii) hormônios de defesa vegetal e maturação: ácido abscísico e etileno.

Auxinas

O termo "auxina" é oriundo do grego "*auxein*", que significa crescer ou aumentar, pois esse hormônio exerce importantes funções na regulação do crescimento e desenvolvimento vegetal. A auxina foi o primeiro hormônio descoberto, e os primeiros estudos fisiológicos acerca do mecanismo de expansão celular vegetal foram focalizados na ação das auxinas. É um hormônio vital às plantas, tanto que nenhum mutante verdadeiro foi identificado, sugerindo que mutações que eliminem totalmente a capacidade de produção de auxinas sejam letais.

Os primeiros experimentos com auxinas envolvendo o crescimento vegetal foram realizados por Darwin (1880) em plantas de alpiste (*Phalaris canariensis*) avaliando a curvatura da planta em direção à luz (fototropismo). Os resultados experimentais levaram à conclusão de que existia um estímulo de crescimento produzido no ápice do Coleóptilo e transmitido para a zona de crescimento (localizada abaixo do ápice), pois se o ápice estivesse recoberto, o fenômeno não seria observado. Outros experimentos foram realizados visando elucidar a natureza do estímulo de crescimento e, em 1926, F. W. Went, por meio da remoção do ápice dos coleóptilos, identificou que a substância promotora do crescimento se difunde do ápice para a base por um dos lados e, com isso, promove o crescimento e a curvatura. As auxinas são importantes em todos os estádios do desenvolvimento vegetal pelo fato de regular a viabilidade do embrião, a fertilização e o desenvolvimento do fruto, o enraizamento, a divisão celular e o crescimento.

Auxinas naturais e sintéticas

De modo geral, a auxina natural mais abundante é o AIA, no entanto, dependendo da espécie, idade da planta, estação do ano e condições sob as quais a planta se desenvolve, outras auxinas naturais podem ser encontradas, como um análogo clorado do AIA, o ácido 4-cloroindolil-3-acético (4-cloro AIA), o ácido fenilacético e o ácido indolil-3-butírico (AIB). O AIB geralmente é utilizado em concentrações muito superiores ao AIA para exercer ação hormonal.

Entre as auxinas sintéticas com respostas fisiológicas comuns ao AIA, encontram-se o ácido α-naftalenoacético (α-ANA), o ácido 2,4-diclorofenoxiacético (2,4-D), o ácido 2,4,5-tricloro-fenoxiacético (2,4,5-T), o ácido 2-metoxi-3,6-diclorobenzóico (dicamba) e o ácido 4-amino-3,5,5-tricloropicolínico (picloram). Essas auxinas são também utilizadas como herbicidas, sendo o 2,4-D, o picloram e o dicamba os mais frequentemente usados. De modo geral, as auxinas sintéticas são denominadas de reguladores vegetais, enquanto o emprego do termo "hormônio" tem ficado restrito às auxinas naturais.

Quimicamente, a característica que unifica todas as moléculas que expressam atividade auxínica é a existência de uma cadeia lateral ácida ligada a um anel aromático conforme demonstrado na Figura 30.

Figura 30 – Ilustração da estrutura química do AIA

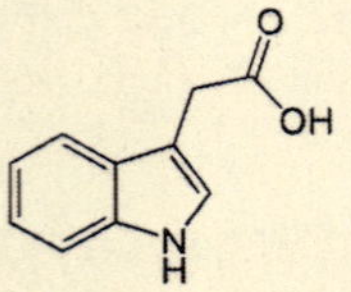

Fonte: os autores

Biossíntese das auxinas

O principal sítio de produção da auxina é a parte aérea, frutos em desenvolvimento, meristema apical, folhas jovens, ou seja, local de intensa divisão celular e crescimento. A biossíntese da auxina ocorre a partir de uma via dependente e outra independente do aminoácido triptofano. A rota dependente do triptofano é a mais importante, pois produz maior quantidade de AIA (Figura 31). A produção foliar de auxina coincide com o padrão basípeto de maturação da folha, dessa forma, o ápice torna-se o local inicial de produção de auxina, seguindo para a base e, em determinado estágio intermediário, concentra-se nas bordas estimulando o surgimento dos hidatódios. O transporte ocorre tanto pelo xilema quanto pelo floema com gasto de energia durante o movimento entre as células.

Figura 31 – Ilustração da biossíntese de auxina (AIA)

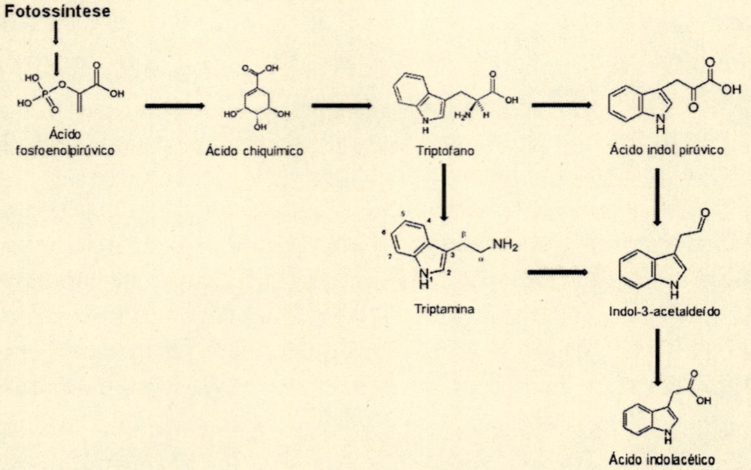

Fonte: os autores

A maior parte do conteúdo de auxinas presente em um vegetal encontra-se na forma conjugada, e nessa configuração é inativa, de forma que a planta pode armazenar grande quantidade de auxina conjugada. Em determinado estágio do crescimento com elevada demanda por auxina, ocorre a quebra da conjugação, disponibilizando o hormônio. A conjugação ocorre normalmente com glicose, inositol aspartato e outros, conforme Figura 32.

Figura 32 – Ilustração da auxina conjugada com aspartato

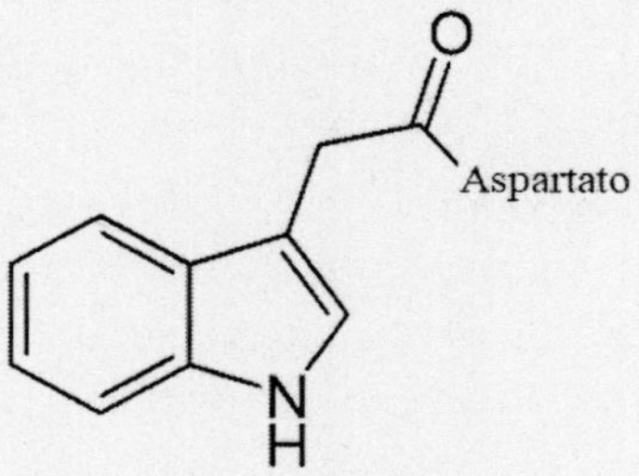

Fonte: os autores

Degradação

A degradação se faz por meio da oxidação, que pode ocorrer tanto na cadeia lateral (com descarboxilação) quanto no anel indólico (sem descarboxilação). A descarboxilação ocorre na cadeia lateral. A principal forma de degradação da auxina é a oxidação do anel indólico, pois as auxinas conjugadas não são degradadas por descarboxilação oxidativa, já que a cadeia lateral ácida está comprometida com a conjugação (Figura 32) e, por isso, não tem CO_2 livre para ser descarboxilado.

Funções

As auxinas exercem importantes funções no desenvolvimento vegetal, com interferência marcante nos estádios vegetativo e reprodutivo conforme verifica-se a seguir.

a. **Divisão celular**: as auxinas atuam na regulação da atividade de certas proteínas, particularmente das cinases, que estão envolvidas com a divisão celular. Nos vegetais, dois grupos de hormônios, as auxinas e as citocininas, estimulam a proliferação de células.

Muitos tecidos de folha, raiz e caule, ao serem cultivados *in vitro*, na presença desses dois hormônios em concentrações apropriadas, podem formar massas celulares, chamadas de calos, gemas ou raízes;

b. **Alongamento celular**: a auxina é responsável pelo alongamento celular. A parede celular é uma estrutura que limita o alongamento da célula. Para que esse alongamento aconteça, é preciso que ocorra um afrouxamento dessa parede celular por meio da atividade de enzimas, como as expansinas que atuam em meio acidificado pelas H^+-ATPases. As auxinas são importantes na ativação e síntese de novas H^+-ATPases, dessa forma, a auxina exerce importante ação no crescimento vegetal e, por isso, é também conhecida como o hormônio do crescimento;

c. **Quebra da dominância apical e crescimento da gema axilar**: a concentração de auxina que é transportada da parte aérea para a região basal da planta é muito superior ao necessário para o desenvolvimento da gema axilar. Com a remoção do ápice caulinar (poda), a parte aérea passa a produzir menos auxina. A redução do fornecimento de auxina na região da gema lateral é suficiente para ativar os meristemas axilares responsáveis pelo desenvolvimento dos ramos laterais. O desenvolvimento dos ramos laterais é importante para a produtividade de inúmeras espécies vegetais, entre estas as frutíferas e, corriqueiramente, os técnicos fazem poda na parte aérea das fruteiras no intuito de quebrar a dominância apical, reduzindo o sítio de produção de auxinas e, com isso, estimulando o desenvolvimento das gemas axilares;

d. **Formação do gancho apical**: durante o desenvolvimento do eixo caulinar de plântulas de dicotiledôneas, ocorre a formação de uma curvatura logo abaixo do ápice caulinar, a qual é conhecida por gancho apical. A formação do gancho protege o meristema apical de possíveis injúrias mecânicas. À medida que a plântula rompe o solo e fica exposta à luz solar, o gancho é desfeito. A formação do gancho apical ocorre porque as células do lado interno do gancho (face côncava) se expandem menos que as células do lado externo (face convexa). Na região convexa ocorre maior translocação de auxina que induz o alongamento celular;

e. **Abscisão foliar**: a abscisão ocorre em uma camada de células anatomicamente distinta morfofisiologicamente denominada de zona de abscisão. A presença de auxina na zona de abscisão nos estádios de imaturidade retarda a queda da folha, pois esse tecido imaturo é responsivo às auxinas; todavia, quando em estágios mais avançados do desenvolvimento, a abscisão é acelerada, pois o tecido é responsivo ao etileno, hormônio acelerador da abscisão;

f. **Desenvolvimento do sistema radicular**: as auxinas são os principais hormônios vegetais de regulação do desenvolvimento radicular. A iniciação e o crescimento do primórdio radicular são estimulados por auxinas. Esse regulador vegetal é constantemente utilizado em pesquisas como enraizador em diversas espécies (Figura 33). As auxinas exercem também importante ação na produção de frutos sem sementes (partenocarpia) e disposição das folhas em torno do caule (filotaxia). Nessa função de filotaxia, sugere-se que a auxina exerça importante função de iniciação foliar;

Figura 33 – Número médio de raízes/estaca em função da aplicação de diferentes concentrações de ácido indolbutírico (IBA) durante 10 segundos, em estacas de *Croton urucurana Baill.*, após 24 dias de estaqueamento em casa de vegetação

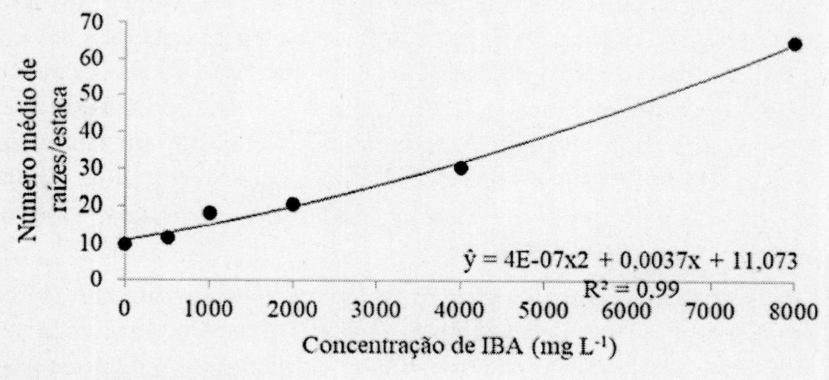

Fonte: De Campos *et al.* (2022)

g. **Ação herbicida**: o 2,4-D é um herbicida auxínico e representa o primeiro produto seletivo utilizado mundialmente para controle de plantas daninhas. Esse produto promove alterações no metabolismo de ácido nucleico, redução da plasticidade da parede celular, produção de etileno, epinastia das folhas e necrose. Os herbicidas auxínicos são eficientes no controle de plantas daninhas de folhas largas, sendo o 2,4-D e o dicamba seletivos para soja e outras culturas, enquanto o picloram é utilizado para controle de plantas daninhas dicotiledôneas arbóreas ou arbustivas em pastagens.

Citocininas

As citocininas representam uma classe de hormônio vital para as plantas. São de grande importância na biotecnologia, pois são indispensáveis para a divisão celular com a formação de tecidos e órgãos *in vitro*. Entre os processos biotecnológicos dependentes da cultura *in vitro*, pode-se destacar a clonagem de plantas (micropropagação), a obtenção de plantas haploides, o cultivo e a fusão de protoplastos (células destituídas de parede celular), a produção de substâncias comercialmente importantes a partir do cultivo de células e órgãos e a produção de plantas transgênicas. Trata-se de um hormônio indispensável na regulação de eventos do tipo: senescência foliar, mobilização de nutrientes, dominância apical, formação e atividade de meristemas, desenvolvimento vascular e quebra da dormência de gemas.

A citocinina foi descoberta na década de 1950 por uma equipe de pesquisadores liderada pelo doutor Folke Skoog, da Universidade de Winsconsin (EUA), ao cultivar a medula da planta do tabaco *in vitro* utilizando meios nutritivos contendo AIA, extrato de levedura e água de coco. Ocorria uma intensa proliferação das células da medula que o levou a admitir a existência, nessas substâncias, de algo também essencial à divisão celular. Essa substância foi finalmente isolada por Carlos Miller em 1955 e denominada cinetina. Os pesquisadores propuseram o termo "citocinina" para compostos com atividade biológica igual à cinetina, ou seja, capazes de promover citocinese em células vegetais.

Os principais tipos de citocininas sintéticas são: cinetina (KIN) ou 6-furfurilaminopurina, 6-benzilaminopurina (BAP) ou benziladenina (Figura 34). Os tipos de citocininas naturais são: isopenteniladenina (iP) ou 6-(δ, δ-dimetilalilamino) purina, zeatina ou 6-(δ–metil–y–hidroximetilalilamino) purina, conforme demonstrado na Figura 34.

Figura 34 – Ilustração da estrutura química da cinetina (esquerda) e benziladenina (direita)

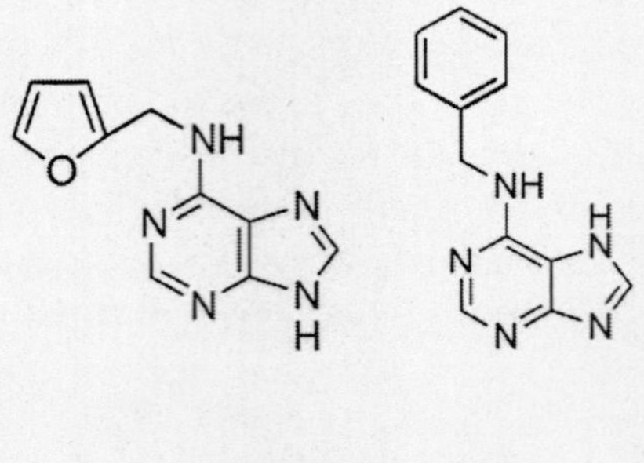

Fonte: os autores

Biossíntese

A citocinina é produzida em diversos órgãos das plantas, mas o principal sítio de produção é o sistema radicular. As moléculas de citocinina podem se ligar a açúcares, como glicose e ribose. Em casos raros, também podem conjugar-se com aminoácidos. Quando se determina o conteúdo endógeno de citocininas dessas plantas, a maior parte encontra-se na forma conjugada com moléculas de açúcar. As moléculas conjugadas de citocininas são tidas como fisiologicamente inativas. Um importante mecanismo de controle do nível endógeno de citocininas ativas utilizado pelas plantas é a quebra da cadeia lateral, sendo a oxidase da citocinina a enzima responsável. As principais funções das citocininas são descritas a seguir.

a. **Divisão e diferenciação celular**: as citocininas regulam a atividade de ciclinas, que são proteínas que controlam a divisão celular. Além da divisão celular, as citocininas estão intimamente ligadas à diferenciação das células, sobretudo no processo de formação de gemas caulinares;

b. **Quebra da dominância apical**: as citocininas também atuam em associação com as auxinas no controle da dominância apical. A aplicação de citocinina diretamente nas gemas axilares induz a brotação lateral. Uma vez iniciado o desenvolvimento das gemas laterais, o processo não mais pode ser inibido. O fato de as gemas mais baixas do caule saírem da dormência antes das mais altas está relacionado com a proximidade do sistema radicular, sítio de produção de citocininas. Os pesquisadores são unânimes no entendimento de que a quebra da dominância apical é resultado da relação auxina/citocinina e não deles isoladamente;

c. **Retardamento da senescência foliar**: durante a senescência foliar ocorre a degradação de proteínas, pigmentos fotossintéticos e remobilização de nutrientes. Um dos papéis da citocinina é estimular a síntese de proteínas e, portanto, retardar o processo de senescência foliar. As folhas maduras produzem pouca citocinina e são responsivas ao etileno, hormônio desencadeador da senescência, enquanto as folhas jovens são responsivas as citocininas e a senescência é impedida;

d. **Regulagem da relação fonte-dreno**: a citocinina induz a uma mobilização de nutrientes nas plantas, pois a aplicação de citocinina na inflorescência de algumas plantas aumenta a translocação de nutrientes e assimilados para o local e, assim, aumenta a força dreno. O aumento da atividade de invertases e transportadores de hexoses sob estímulo de citocininas também aumenta a força dreno. Estudos em plantas de soja tratadas com benziladenina no estádio fenológico R_3 identificou aumento da força dreno resultando em maior produtividade de grãos pela redução do abortamento de vagens (Borges *et al.*, 2014). O aumento da força dreno ocorre no sentido de maior suprimento de assimilados e incremento do potencial de enchimento de grãos conforme demonstrado na Figura 35;

Figura 35 – Ilustração do abortamento de vagens em diferentes extratos e produtividade de plantas de soja submetidas a diferentes concentrações de benziladenina no estádio fenológico R_3

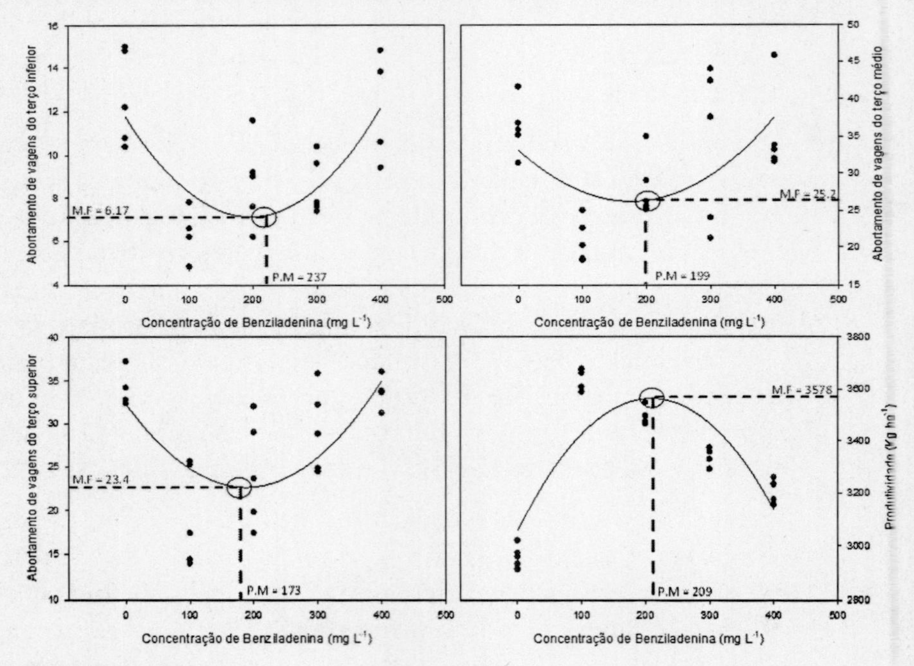

Fonte: Borges *et al.* (2014)

e. **Aumento de flores femininas***:* a utilização de citocinina para alterar a relação entre flores masculinas e femininas é corriqueiro em pesquisas e tem incrementado a rentabilidade de espécies vegetais. A produtividade das plantas de *Jatropha curcas* L. é baixa e insuficiente para alcançar rentabilidade em plantios comerciais, principalmente pela baixa produção de frutos em plantas com muitas flores masculinas e poucas femininas. A aplicação de citocinina tem incrementado o número de flores femininas e hermafroditas e, como consequência, incrementado a produtividade de frutos, conforme Tabela 6.

Tabela 6 – Comparação de médias, pelo teste de Tukey, a 1% de probabilidade, das características de número de flores femininas (FFI) e masculinas (FMI) por inflorescência, número de inflorescências por planta (Inflor), frutos por cacho (FC), número de cachos por planta (CP), número máximo (MaxFC) e mínimo (MinFC) de frutos por cacho e massa de grãos por planta (MGP) frutificação e produção de grãos de pinhãomanso (*Jatropha curcas* L.), avaliadas em plantas tratadas com benziladenina e em plantas não tratadas (controle), aos 36 meses de plantio.

Tratamentos	FFI	FMI	Inflo-res	FC	CP	MaxFC	MinFC	MGP (g)
Controle	3,7a	23,8a	44,1a	2,55a	35,12a	6,96a	0,98a	409,98a
Benziladenina	20,0b	84,6b	83,9b	6,91b	47,76b	17,20b	1,74b	791,08b

Fonte: Gouveia *et al.* (2012)

No estudo desenvolvido por Gouveia *et al.* (2012) observa-se aumento do número de flores femininas e número total de inflorescências, bem como incremento da produtividade. Em trabalhos semelhantes desenvolvidos pelo grupo de pesquisa em Fisiologia da Produção Vegetal da UEG Ipameri, verificou-se também incremento do número de flores hermafroditas e aumento da força dreno. Essas alterações morfológicas de maior incremento de flores femininas e hermafroditas em associação com o aumento da força dreno promovem incrementos substanciais na produtividade de *Jatropha curcas* L. Esses resultados estão em consonância com os encontrados por Borges *et al.* (2014) com plantas de soja, em que o aumento da força dreno dos grãos também foi relatado.

Giberelina

Por volta de 1930, agricultores japoneses relataram aos pesquisadores a ocorrência de uma moléstia que causava crescimento anormal das plantas de arroz e, ao mesmo tempo, prejudicava a produção de sementes. Nessa época, fitopatologistas detectaram que esse crescimento anormal era provocado por uma substância excretada pelo fungo infectante *Gibberella fujikuroi*, a qual, depois de isolada, foi denominada giberelina. Esse hormônio vegetal regula importantes processos do tipo: germinação de sementes, alongamento do caule, crescimento de frutos, floração e conservação de frutos e folhagens na pós-colheita.

A giberelina é caracterizada como o hormônio do alongamento celular, promovendo a expansão longitudinal em células meristemáticas conforme demonstrado em plantas de eucalipto na Figura 36. Tanto a giberelina quanto a auxina induzem ao alongamento. Para que ocorra o crescimento em termos de alongamento (altura), as microfibrilas de celulose precisam estar orientadas no sentido transversal do crescimento. Geralmente as células meristemáticas jovens estão orientadas nesse sentido e são induzidas ao crescimento pelas giberelinas. A auxina induz o alongamento em tecidos maduros, pois nesses tecidos as microfibrilas se encontram na posição oblíqua/longitudinal e as auxinas conseguem reorientá-las para a posição transversal, promovendo o alongamento dessas células.

Figura 36 – Ilustração da altura e área foliar de mudas de eucalipto com 120 dias de idade submetidas a diferentes doses de giberelina

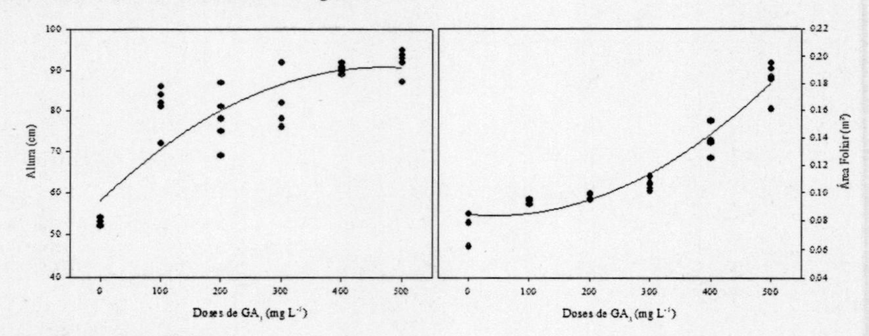

Fonte: Matos *et al.* (2019)

Biossíntese

A biossíntese de giberelina ocorre no itosol e plastídeos como os cloroplastos. Existem duas rotas de biossíntese: uma dependente e outra independente do ácido mevalônico. A primeira, associada à biossíntese do esterol, ocorre no itosol e a segunda, associada à biossíntese de carotenoides, ocorre no cloroplasto. A biossíntese de giberelina apresenta retroalimentação negativa com a inibição de genes à medida que a produção atinge níveis ótimos. Considerando-se que as primeiras reações para a biossíntese de giberelinas ocorrem nos proplastídeos, o precursor isopentenildifosfato (IPP) pode não ser originado do ácido mevalônico. Nos plastídeos, a rota biossintética de terpenoides que resulta na síntese do IPP ocorre preferencialmente a partir do gliceraldeído-3-fosfato e piruvato. Independentemente da origem do IPP, as reações subsequentes são comuns aos domínios do itosol e plastídeos. As principais funções das giberelinas são descritas a seguir.

a. **Floração**: a giberelina induz a floração de algumas plantas, como o cafeeiro, quando submetido ao déficit hídrico. Nessa circunstância, a aplicação de giberelina o induz a florar. Algumas plantas de dias longos, quando são submetidas a dias curtos, são induzidas à floração após aplicação de giberelina. Outras espécies, como a lima ácida Tahiti, precisam controlar a síntese de giberelina para inibir o desenvolvimento vegetativo e induzir a floração. A Figura 37 demonstra a importância das giberelinas na morfologia floral de plantas de *Jatropha curcas* L. com aumento do número de ramos, inflorescências e, consequentemente, da produtividade. Nesse caso, verifica-se claramente um efeito positivo do regulador nos estádios vegetativo e reprodutivo;

Figura 37 – Equações de regressão linear para número de ramos (Y = 39.5698 + 0.1439x, R^2 = 0.89**), número de inflorescências (Y = 12.2473 + 0.1081x, R^2 = 0.78**) e produtividade (Y = 673.8377 + 2.1951x, R^2 = 0.87**) em plantas de *J. curcas* submetidas a diferentes concentrações de GA_3 (0; 50; 100; 150 mg L^{-1}) aplicadas aos cinco dias após emissão das inflorescências

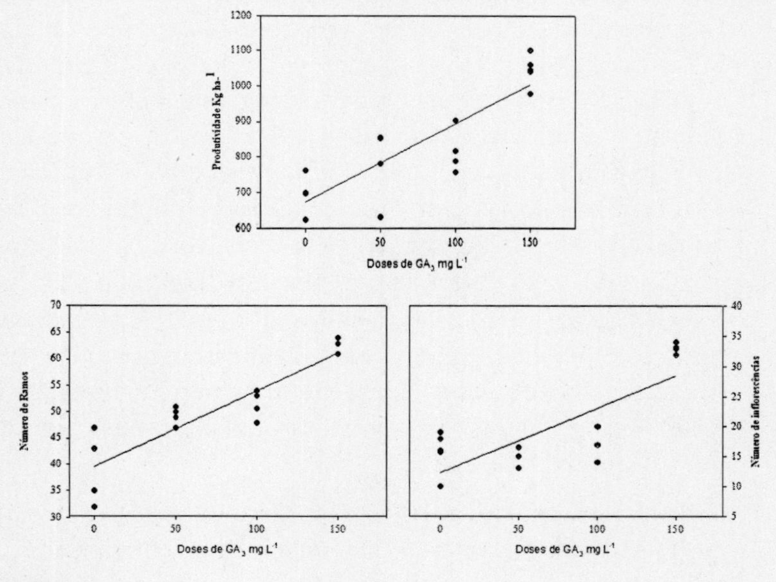

Fonte: os autores

b. **Duração pós-colheita de folhagens ornamentais**: a duração pós-colheita de folhagens é atributo importante para o mercado de plantas ornamentais. Em muitos casos, a aplicação de giberelina em plantas folhosas tem permitido aumentar consideravelmente o tempo em que as folhas mantêm a coloração verde após o corte. Essa função exerce forte impacto no mercado comercial, pois aumenta a vida de prateleira das folhagens;

c. **Germinação**: a giberelina é responsável pela indução da síntese de α-amilase e é armazenada na camada de aleurona na semente. A α-amilase é importante pelo fato de que, na semente que tem por reserva o amido, é preciso converter esse carboidrato em composto compatível com o processo respiratório. O amido é convertido em glicose por ação da α-amilase. As giberelinas induzem a atividade e síntese de α-amilase que hidrolisa o amido, disponibilizando substrato para a respiração e germinação da semente. Esse é o hormônio mais estreitamente ligado à germinação das sementes e tem sido utilizado em inúmeras circunstâncias de quebra de dormência;

d. **Conservação pós-colheita de frutas cítricas**: a giberelina retém a coloração verde da casca de laranjas Valência e atrasa o fenômeno do reverdecimento, o qual ocorre quando as temperaturas se tornam mais elevadas. Assim, em termos comerciais e industriais, a aplicação de giberelina permite o processamento da fruta em um período mais longo. Além disso, as giberelinas podem corrigir manchas e ferrugem, pois estas induzem uma textura mais compacta do albedo e podem minimizar parcialmente o enrugamento do exocarpo. A manutenção da cor verde é atributo importante na limeira ácida Tahiti para o mercado consumidor. Contudo, a degradação da clorofila e a síntese de carotenoides evoluem na pós-colheita e culminam com o desverdecimento da fruta. Nas tangerineiras ponkan, a aplicação de giberelina permite mantê-las verdes por um período maior sem alterar as características físico-químicas do suco;

e. **Alongamento celular**: as plantas deficientes em giberelina apresentam o fenômeno do nanismo com reduzida altura. Além disso, as giberelinas exercem importante ação no alongamento de frutos de uva e outras espécies. O uso de GA_3 em mudas de espécies arbóreas, como eucalipto e umbuzeiro (Figura 38), incrementa o crescimento inicial e reduz o tempo de transição da fase juvenil para a adulta durante o desenvolvimento (Lopes *et al.*, 2015; Pires *et al.*, 2018). Outra importante função desse hormônio está relacionada com a produção de frutos sem sementes (partenocarpia).

Figura 38 – Ilustração da biomassa, altura de planta, diâmetro do caule e área foliar de plantas de umbuzeiro com 300 dias de idade, cultivadas em vasos de 15 litros em casa de vegetação e submetidas a diferentes concentrações de GA_3

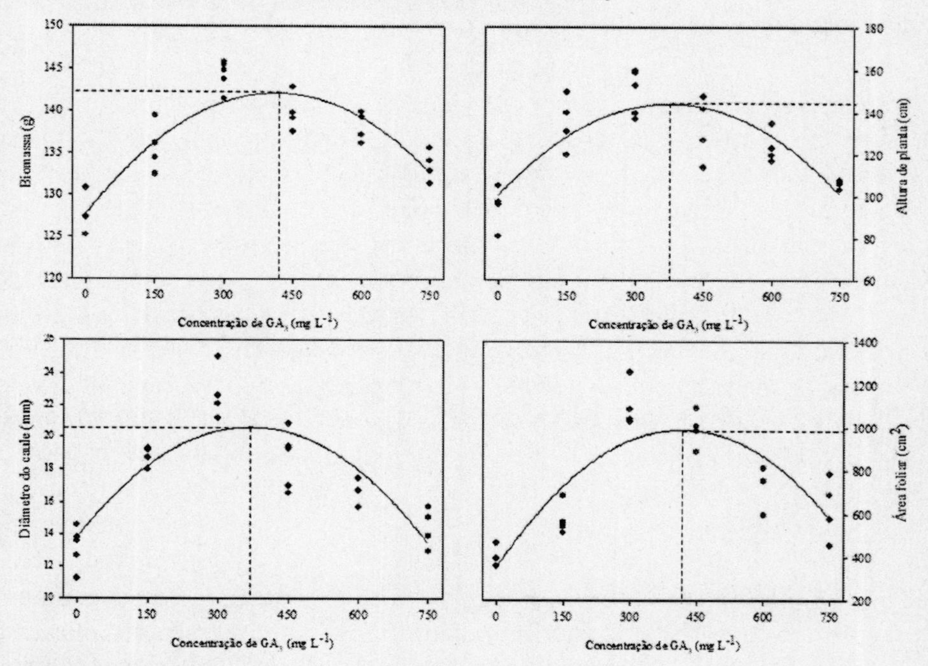

Fonte: Freitas (2019)

Brassinosteroides

Os brassinosteroides são hormônios relativamente novos em termos de descoberta humana, mas de ampla distribuição nos vegetais. Os hormônios são mensageiros químicos responsáveis por vários aspectos da regulação do crescimento e desenvolvimento. Portanto, o estudo dos mecanismos de funcionamento é crucial tanto para estudos básicos como aplicados. Os hormônios vegetais são substâncias orgânicas naturais, biologicamente ativas a concentrações muito baixas.

Os brassinosteroides tiveram o primeiro registro em 1960, quando pesquisadores trabalharam com pólen de canola, mas somente em 1990, após uso de técnicas sofisticadas, foi possível isolar e identificar o brassinolídeo. O hormônio é encontrado em dicotiledôneas, monocotiledôneas, algas e gimnospermas e detectado em diversas partes da planta. As funções dos brassinosteroides e a estreita relação com o desenvolvimento vegetal ainda estão no caminho do esclarecimento por meio de inúmeras pesquisas em diversos países. No entanto muitas dos experimentos são realizados a nível de laboratório com difícil amplificação a campo, dessa forma, torna-se interessante a obtenção de resultados práticos em campos agrícolas.

Os brassinosteroides são hormônios esteroides que estão comumente associados com desenvolvimento de raízes laterais, manutenção da dominância apical, diferenciação vascular, crescimento do tubo polínico, germinação de sementes, alongamento e divisão celular. Apesar do registro de pesquisas avançadas no ano de 1960 com canola, somente em 1990, com estudos genéticos, foi possível demonstrar que os brassinosteroides são hormônios vegetais relacionados com o crescimento do tubo polínico e, portanto, presentes no grão de pólen. O grupo de pesquisa em Fisiologia da Produção Vegetal da UEG Ipameri, desenvolve pesquisas com esse regulador vegetal há mais de 10 anos e tem obtido resultados importantes e inéditos a nível de campo. Entre estes, se destaca a descoberta da função de aumento da força dreno proporcionada por esse regulador em plantas graníferas.

Biossíntese

A biossíntese dos brassinosteroides passa por campesterol, catasterona e outros compostos que têm início em rota comum (farnesil difosfato) a outros hormônios, como giberelinas e ácido abscísico. O transporte dos brassinosteroides ocorre via corrente transpiratória pelo xilema e com a aplicação do hormônio no solo ele é rapidamente absorvido e transportado da raiz para a parte aérea. A aplicação na folha resulta em transporte e distribuição lentos para outros órgãos. A inativação dos brassinosteroides ocorre por epimerização, oxidação, hidroxilação e conjugação. As principais funções dos brassinosteroides são descritas a seguir.

a. **Crescimento celular**: os brassinosteroides possuem importância significativa na divisão e expansão celular pelo efeito sinérgico com auxinas no relaxamento da parede celular, pois têm importância na expressão de genes de atividade das enzimas expansinas relacionadas com o relaxamento da parede celular, bem como na expressão de genes da divisão celular;

b. **Crescimento do sistema radicular**: em baixas concentrações, os brassinosteroides incrementam o crescimento do sistema radicular e aumentam a absorção de solução do solo por acentuar a atividade das aquaporinas. Em elevadas concentrações, os brassinosteroides inibem o crescimento da raiz por induzir a produção de etileno;

c. **Germinação de sementes**: este hormônio incrementa a germinação de sementes por estimular o crescimento do embrião e superar a restrição imposta pelo ABA. O crescimento promovido por brassinosteroides ocorre independentemente do crescimento promovido por auxinas e giberelinas. É possível verificar o crescimento induzido por auxinas em 15 minutos e pico aos 45 minutos, enquanto com brassinosteroides o início se dá aos 45 minutos e o pico de quatro a seis horas;

d. **Proteção vegetal**: a aplicação do BR proporciona efeito positivo no crescimento das plantas por estar envolvido na modificação da estrutura e permeabilidade das membranas em situação de estresse. Estudos envolvendo a aplicação de BR na cultura do arroz submetida a estresse salino apresentaram aumento em todas as características de crescimento, além de minimizar os efeitos da salinidade em cultivares sensíveis;

Esse hormônio incrementa a atividade do sistema de defesa antioxidante, ativa a bomba de prótons, estimula a síntese de proteínas e ácidos nucleicos e regula a expressão gênica e atividade enzimática conforme demonstrado na Figura 39. O estudo com plantas de *Jatropha curcas* L. submetidas ao déficit hídrico demonstra que os brassinosteroides atuam como elicitores ativando o mecanismo antioxidativo de proteção vegetal e combatendo o estresse provocado nas membranas. A ativação da proteção ocorre tanto em plantas irrigadas adequadamente quanto nos materiais sob déficit hídrico, no entanto, nestas últimas, que estão sob estresse, a ação hormonal é mais contundente.

Figura 39 – Ilustração da atividade das enzimas catalase, peroxidase do guaiacol (POD), superóxido dismutase (SOD) e substâncias reativas ao ácido tiobarbitúrico (TBARS) em plantas de *Jatropha curcas* L. com 100 dias de idade em vasos de oito litros submetidas a diferentes suprimentos hídricos (SH) de 100% e 50% da capacidade de retenção do substrato e diferentes concentrações de brassinosteroides

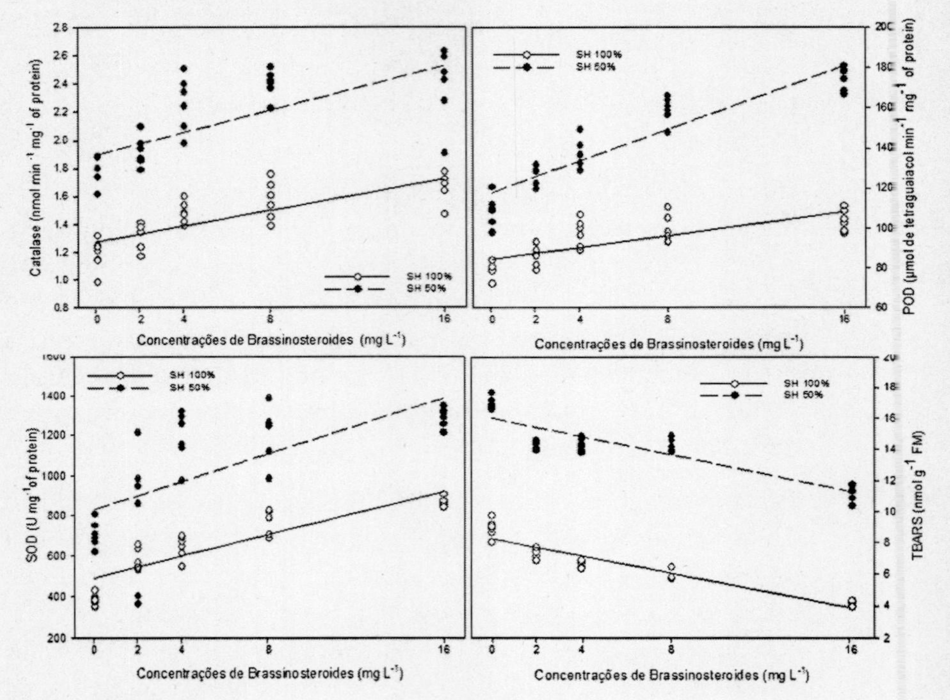

Fonte: Oliveira (2019)

A aplicação de BR induz a síntese de clorofila em plântulas de *Vigna radiata* L. Wilczek, sob estresse por alumínio. Da mesma forma, o BR também é reconhecido por restabelecer ou induzir a germinação e todas as características de crescimento em trigo e sorgo sob estresse hídrico, além de aumentar a tolerância das plântulas sob estresse por metais pesados, como cádmio em *Brassica juncea* L. Czern e *Raphanus sativus* L. e alumínio em *Vigna radiata* L. Wilczek.

e. **Aumento da força dreno**: os brassinosteroides aumentam a força dreno e promovem aumentos significativos de produtividade em plantas graníferas tipo soja e sorgo. Estudos em campo têm demonstrado incrementos substanciais de rendimentos dessas espécies vegetais quando submetidas a concentrações específicas desse hormônio. Os resultados em plantas de soja e sorgo (Figuras 40 e 41) demonstram a importância do brassinosteroide no rendimento de grãos dessas espécies, pois verifica-se o efeito promissor do hormônio no desenvolvimento do sistema radicular e aumento de produtividade pelo incremento da força dreno das estruturas reprodutivas.

Figura 40 – Ilustração da massa seca da raiz e produtividade de plantas de soja de crescimento indeterminado e ciclo de 120 dias em campo de produção submetidas a diferentes concentrações de brassinosteroides aplicados nos estádios R_3 e R_6 em volume de 100 L ha^{-1}

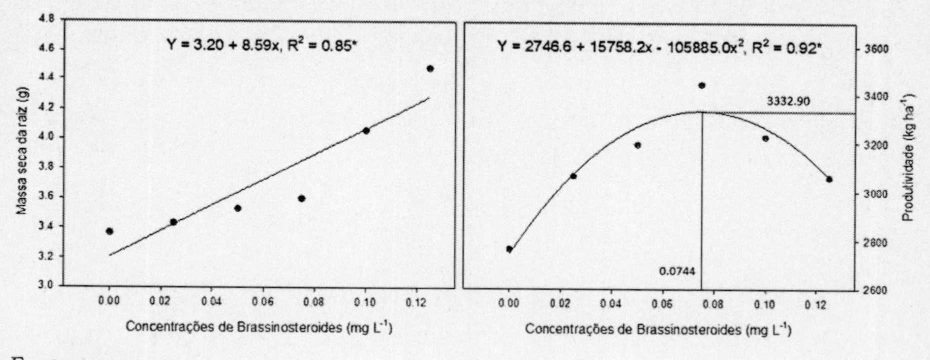

Fonte: os autores

Figura 41 – Ilustração da produtividade de plantas de sorgo granífero em campo de produção submetidas a diferentes concentrações de brassinosteroides aplicados nos estádios fenológicos 2 (planta com cinco folhas) e 5 (emborrachamento) em volume de 100 L ha^{-1}

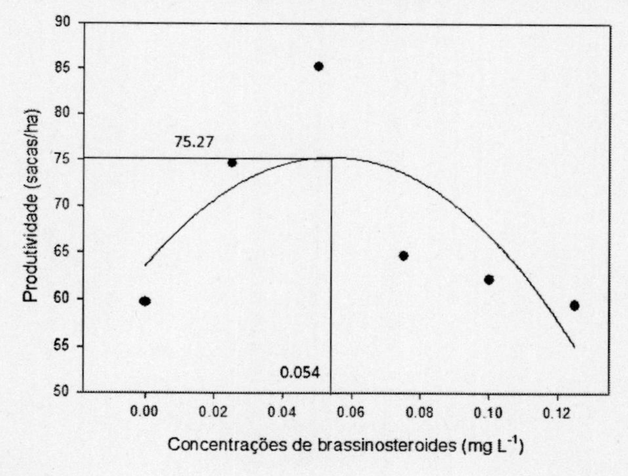

Fonte: os autores

Ácido abscísico

O hormônio vegetal ácido abscísico (ABA) é também conhecido como o hormônio do estresse. As altas concentrações desse hormônio nos tecidos vegetais representa uma rápida resposta de sinalização de estresse. A descoberta ocorreu por volta de 1960, inicialmente sendo considerado um inibidor do crescimento e promotor de dormência de gemas.

No entanto, sabe-se que o ABA, assim como os demais hormônios vegetais, desempenha múltiplas funções durante o ciclo de vida das plantas. É considerado o principal hormônio em resposta aos estresses ambientais, como a baixa disponibilidade de água, variações de temperatura e salinidade. O ABA está presente em praticamente todas as células vivas do vegetal e pode ser encontrado do ápice caulinar ao radicular, assim como na seiva do xilema, exsudato do floema e nectários.

Biossíntese

A produção do ABA pode ser iniciada a partir do ácido mevalônico no itosol e seguir a partir do isopentenildifosfato (IPP) no cloroplasto até a produção de neoxantina, que é transportada para o itosol e convertida em xantoxal e ABA, no entanto o IPP pode ser produzido no próprio cloroplasto e a biossíntese ser iniciada nessa organela (Figura 42).

Figura 42 – Ilustração da resumida da síntese de ácido abscísico que ocorre em etapas no citosol e plastídeos

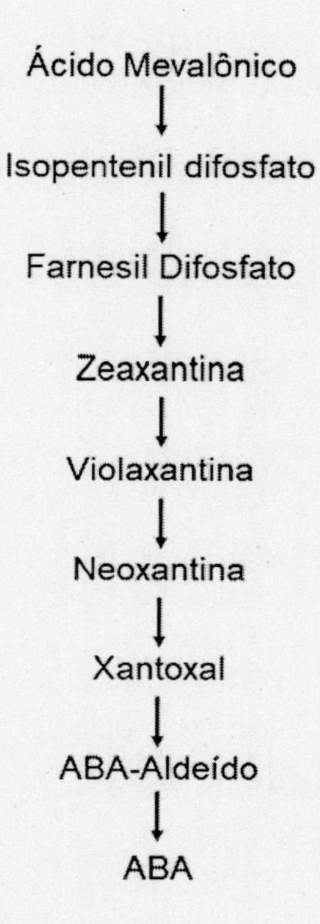

Fonte: os autores

As plantas apresentam uma capacidade elevada de metabolizar o ABA. A inativação da molécula pode ocorrer tanto por conjugação quanto por degradação a outros compostos. A conjugação mais comum, também presente na auxina e giberelina, ocorre pela ligação do ABA à molécula de glicose, formando o éster glicólico do ABA.

Mecanismo de ação do ABA

Em determinados estágios do desenvolvimento da planta, a partir de algum estímulo ambiental, como déficit hídrico, ocorre elevação da produção de ABA. Diante disso, acontece uma percepção do sinal pela célula que desencadeia respostas rápidas ou lentas. As respostas rápidas envolvem fluxo de íons e alterações no balanço hídrico, ocorrendo após alguns minutos do aumento no conteúdo endógeno de ABA, por exemplo, o fechamento estomático; e respostas lentas que envolvem alteração na expressão gênica, desenvolvimento das sementes e tolerância à dessecação, demandando período maior para se manifestarem. Sob déficit hídrico, a quantidade de ABA nas folhas chega a 50 vezes mais que em condições normais, enquanto sob salinidade o aumento do ABA nas folhas chegam a dez vezes. As principais funções do ácido abscísico são descritas a seguir.

a. **Desenvolvimento da semente***:* o desenvolvimento da semente atravessa três fases – embriogênese, maturação e dessecação. O ABA é importante para a redução da divisão celular determinado o final da embriogênese, também exerce importância no acúmulo de reservas durante a maturação e produção de proteínas LEA durante a dessecação;

b. **Evitar viviparidade**: na fase de maturação as sementes adquirem capacidade de germinar, ou seja, podem germinar conectadas à planta mãe. A germinação não ocorre porque a concentração de ABA nessa fase é muito elevada e restringe a germinação, impondo, assim, um tipo de dormência primária;

c. **Proteção ao estresse hídrico**: a turgescência é regulada por meio do fluxo de íons, especialmente de potássio (K^+), que é balanceado pelo cloro (Cl^-) e/ou malato. Em condições de estresse hídrico, ocorre aumento no nível endógeno de ácido abscísico que chega a níveis 50 vezes superiores ao encontrado em plantas adequadamente hidratadas. Existe um mecanismo de comunicação entre a raiz e a parte aérea por meio da transmissão de sinais. O mensageiro recebe a informação de escassez de água no solo a partir da alta concentração de ABA e abre o canal de potássio pelo qual ocorre efluxo de K^+ e Cl^- das células-guarda, deixando o potencial osmótico e potencial hídrico mais elevados, ocasionado um gradiente entre células-guarda e células subsidiárias suficientes para a saída de água das células-guarda diminuindo sua turgescência e, consequentemente, reduzindo a abertura estomática;

d. **Dormência de gemas**: a inibição do crescimento vegetativo provocada pelo ácido abscísico é um dos efeitos mais comuns desse hormônio. Em plantas lenhosas, o nível de ABA geralmente se eleva em resposta às condições de dias curtos, quando o crescimento é reduzido e a dormência das gemas é imposta. As folhas identificam o estímulo ambiental, sintetizando o ABA que é transportado para as gemas, onde provoca a dormência. A aplicação de ABA em gemas não dormentes também pode induzir a dormência. As plantas caducifólias tolerantes ao déficit hídrico, como umbuzeiro, pinhão manso e outras espécies presentes na Caatinga e no Cerrado, estão sob altos níveis de ácido abscísico e etileno, pois são hormônios importantes no processo de senescência foliar e dormência de gemas durante o período de seca ou estação inadequada para o crescimento (inverno);

e. **Proteção contra injúrias**: ferimentos causados por herbivoria ou injúria mecânica causam danos ao revestimento externo de proteção da planta criando uma via de entrada para inúmeros patógenos. Em resposta aos ferimentos, o padrão de expressão gênica é substancialmente alterado pelo ABA, induzindo a síntese de grupos de proteínas envolvidas na cicatrização e na prevenção à invasão dos patógenos.

Etileno

O etileno é um hormônio gasoso de fácil dispersão. O estado físico desse regulador vegetal possibilita o desenvolvimento de inúmeros processos na planta. Em 1893, foi verificado que a fumaça produzida pela queima de serragem de madeira provocava a floração em plantas de abacaxi cultivadas em casa de vegetação. No século XIX, observou-se que o gás de iluminação havia danificado uma coleção de plantas mantidas em casa de vegetação na Filadélfia causando senescência e abscisão das folhas. Após alguns anos, em 1864, danos em árvores próximas a vazamentos desse gás foram relatados, e então se identificou o etileno como um dos seus componentes. Finalmente, os pesquisadores Crozier, Hitchock e Zimmerman (1935) sugeriram que o etileno seria um regulador endógeno de crescimento e poderia ser considerado um hormônio do amadurecimento. De fato, o etileno está envolvido com a regulação de diversos processos metabólicos, como: divisão e expansão celular, produção de aerênquima, maturação de frutos, senescência e abscisão e morte celular programada.

O etileno é um composto gasoso volátil e representa uma das moléculas orgânicas mais simples com atividade biológica (C_2H_4). Em ambiente urbano, a concentração de etileno chega ao nível de 10 a 100 vezes maior do que o detectado no campo. O etileno pode ser produzido por vários organismos, desde bactérias, fungos, algas, musgos e plantas vasculares, como samambaias, gimnospermas e angiospermas. As plantas normalmente não produzem etileno suficiente para alterar os níveis no ambiente ao seu redor. É mais influenciada pelo ambiente do que promove influência quanto ao etileno. Em locais fechados, ele pode ser acumulado em maiores concentrações, produzindo efeitos fisiológicos nas plantas e causando perdas econômicas.

O etileno é produzido por todas as partes das plantas superiores, sendo a taxa de produção dependente do tipo de tecido e do estágio de desenvolvimento. Os tecidos meristemáticos e as regiões nodais geralmente apresentam uma produção elevada desse gás, também observada durante a abscisão de folhas, a senescência de flores e o amadurecimento de frutos.

O etileno pode ser sintetizado em diversas células e possui duas enzimas-chave para sua biossíntese: sintase do ACC e oxidase do ACC. Entre as duas enzimas a sintase do ACC é considerada a principal enzima de controle da produção de etileno (Figura 43).

Figura 43 – Ilustração resumida da síntese de etileno

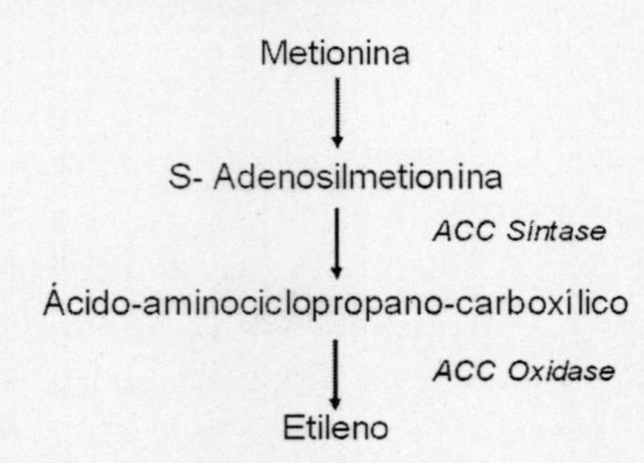

Fonte: os autores

O oxigênio é necessário para a produção de etileno, pois a conversão do ACC a etileno é dependente da oxidase do ACC. Em situação de alagamento, a água em excesso pode asfixiar as raízes das plantas terrestres devido à redução do oxigênio do solo. Porém o ACC continua sendo produzido, acumulado na raiz em hipóxia e transportado a partir do xilema para a parte aérea mais oxigenada, na qual é oxidado a etileno, acarretando uma elevação na produção desse gás na parte aérea. As principais funções do etileno são descritas a seguir.

a. **Epinastia das folhas**: a epinastia é a curvatura para baixo da folha devido ao maior alongamento das células da parte superior do pecíolo. É considerada por alguns como um efeito direto do etileno, enquanto outros sugerem que haveria redistribuição e acúmulo de auxina, na parte superior do pecíolo, induzidos por esse gás. A aplicação de 2,4-D induz a síntese de etileno e causa a morte de plantas daninhas sensíveis com sintoma clássico de epinastia. O etileno reorienta as microfibrilas na posição oblíqua/longitudinal, fazendo com que o crescimento ocorra de forma radial (em diâmetro);

b. **Senescência e abscisão**: o etileno é o hormônio desencadeador da senescência foliar, pois após a identificação e transmissão do sinal externo, tipo déficit hídrico, envelhecimento ou outro, a planta inicia a produção de etileno que culmina com a senescência foliar. Esse hormônio também estimula a abscisão de órgãos vegetais que ocorrem em um tecido chamado de zona de abscisão. Esse tecido, quando maduro, é responsivo ao etileno e, quando imaturo, é responsivo à auxina;

c. **Expressão sexual e indução floral**: o etileno pode promover a feminização de flores em plantas superiores como as da família *Cucurbitaceae* e, também, induzir algumas espécies à floração, como o abacaxizeiro e a mangueira;

d. **Amadurecimento de frutos**: os frutos carnosos têm sido divididos em dois grandes grupos distintos com relação aos mecanismos de amadurecimento – os frutos climatéricos e os frutos não climatéricos. Os primeiros caracterizam-se, fundamentalmente, por uma elevação intensa e rápida na produção de etileno acompanhada pelo aumento substancial na taxa respiratória. Banana, tomate, abacate, maçã, pêssego, ameixa, figo, manga, caqui, fruta-do-conde, atemoia e graviola são exemplos de frutos com esse tipo de amadurecimento. A aplicação de etileno em frutos climatéricos induz a produção desse hormônio pelos tecidos e acelera o amadurecimento. Os frutos não climatéricos caracterizam-se por uma baixa taxa respiratória e produção de etileno. Uva, morango, cereja e abacaxi são frutos não climatéricos;

e. **Produção de aerênquima**: a produção de aerênquima pode ocorrer pela morte de algumas células ou pelo afastamento delas. Em plantas alagadas, a respiração celular é prejudicada porque a água ocupa os espaços antes destinados ao ar. Nessas plantas, o etileno incrementa a sensibilidade dos tecidos à giberelina e esse hormônio estimula o alongamento do caule que alcança o ar de forma que as plantas passam a ter acesso ao oxigênio. O etileno estimula também o surgimento de lenticelas, que são pequenas rupturas no tecido suberoso, no caule, que facilitam o influxo de O_2 e a produção de aerênquima para armazenamento desse gás destinado à respiração;

f. **Conservação dos frutos**: a conservação de frutos é uma linha da pós-colheita de grande importância por possibilitar o consumo de produtos naturais em regiões distantes das unidades produtoras. A redução da respiração e minimização da produção de etileno são ações necessárias para retardar o amadurecimento e conservar os frutos. A atmosfera controlada com baixos níveis de oxigênio e reduzida temperatura, além de alterações na concentração de CO_2 no ambiente, é bastante eficaz para a conservação dos frutos. Alguns inibidores da síntese de etileno, como permanganato de potássio ($KmnO_4$); aminoetóxi-vinil-glicina (AVG) e **ácido** aminoxiacético (AOA), podem também ser utilizados.

Exercícios de fixação

1. Qual é o principal hormônio indutor do enraizamento?
2. Relacione os brassinosteroides com a força dreno em graníferas.
3. Qual a importância das citocininas na morfologia floral e no aumento da força dreno?
4. Qual a importância da giberelina na germinação de sementes?
5. Relacione o ácido abscísico com a dormência de sementes.
6. Qual a importância do controle da síntese do etileno na conservação de frutos?
7. Qual é o hormônio que induz o crescimento ácido?
8. Qual a importância da giberelina no crescimento de plantas de eucalipto?

9. Relacione a produção de aerênquima e lenticelas com o hormônio vegetal.
10. Qual a importância dos hormônios na senescência e abscisão foliar?

Referências

BORGES, L. P. *et al.* Does Benzyladenine Application Increase Soybean Productivity. *African Journal of Agricultural Research*, [*s. l.*], v. 9, n. 37, p. 2799-2804, 2014.

DE CAMPOS, A. G. *et al.* Propagação por estaquia de Sangra-d'Água (Croton urucurana BAILL.). *Revista em Agronegócio e Meio Ambiente*, [*s. l.*], v. 15, n. 1, p. e9062, 2022.

DE OLIVEIRA, D. B. *Tolerância de plantas de pinhão manso ao déficit hídrico em resposta a doses de brassinosteroides*. 2019. 36f. Dissertação (Mestrado em Produção Vegetal) – Universidade Estadual de Goiás, Ipameri, 2019.

GOUVEIA, E. J. *et al.* Aumento da produção de grãos de pinhão-manso pela aplicação de benziladenina. *Pesquisa Agropecuária Brasileira*, [*s. l.*], v. 47, p.1541-1545, 2012.

LOPES, V. A. *et al.* Crescimento inicial de plantas de eucalipto tratadas com giberelina. *Academic Journal*, Port Harcour, v. 10, n. 11, p. 1251-1255, 2015.

MATOS, F. S. *et al. Folha Seca*: Introdução à Fisiologia Vegetal. 1. ed. Curitiba: Appris, 2019.

PIRES, E. S. *et al.* Análise de crescimento de plantas de umbuzeiro sob diferentes concentrações de giberelina. *Agrarian*, [*s. l.*], v. 13, n. 48, p. 141-150, jul. 2020.

CAPÍTULO VII

FLORAÇÃO E MOVIMENTOS EM PLANTAS

A mudança da fase vegetativa para a fase reprodutiva é uma alteração crítica no ciclo das plantas, crucial para a produção de frutos e sementes. A floração é, portanto, um ponto essencial para a sobrevivência de muitas plantas, que, por sua vez, devem crescer em um ambiente que proporcione os estímulos necessários para a sua floração. A indução floral é o mais enigmático evento fisiológico por expor difícil controle em diversas espécies de interesse comercial, além de ter importância fundamental para a produtividade de muitas culturas de interesse econômico. O acúmulo de reservas ao longo do estádio vegetativo, para posterior desenvolvimento da floração, demonstra a importância ecológica do processo que, neste capítulo, é discutido com leveza para uma simples compreensão. Ainda, é abordada a importância dos movimentos de órgãos vegetais. A incapacidade de locomoção das plantas não impossibilitou, ao longo da evolução, o desenvolvimento de movimentos de partes vegetais no intuito de antecipação e/ou proteção contra uma frequente alteração do ambiente, como variações de temperatura, luminosidade, disponibilidade de água e nutrientes minerais.

Meristemas

Os meristemas são células com características embrionárias, as quais têm a função de formação de órgãos primários nas plantas. São constituídas por algumas camadas organizadas de células. Os meristemas primários (apical do caule e apical da raiz) são responsáveis pela formação dos órgãos primários, como caule, folha e raiz. Essa estrutura é sensitiva aos estímulos ambientais e determinante do estímulo propício para a formação de folhas ou flores.

Os meristemas secundários são oriundos dos meristemas primários e possuem a função de formar os órgãos secundários. Os meristemas secundários são:

- meristema axilar – possui a função de formar os ramos laterais;

- meristemas intercalares – localizam-se próximo à base do caule e fazem com que certas pastagens cresçam após o pastoreio;
- meristema de raiz lateral – é derivado do meristema apical da raiz e é responsável pelo crescimento das raízes laterais.

Os meristemas possuem dois tipos de crescimento: o determinado e o indeterminado. Os meristemas de crescimento determinado apresentam limite genético programado de crescimento como o meristema floral que cessa a atividade meristemática após formação dos órgãos florais. O meristema de crescimento indeterminado não apresenta um limite pré-determinado para o crescimento, pois continua a crescer enquanto as condições ambientais forem favoráveis (Taiz *et al.*, 2017).

A planta passa basicamente por três fases durante o desenvolvimento:

- fase juvenil: caracterizada pelo crescimento inicial, estabelecimento e acúmulo de biomassa;
- fase adulta vegetativa: caracterizada por intenso acúmulo de biomassa e competência para floração. Nessa fase a planta responde à indução floral;
- fase adulta reprodutiva: esta fase se distingue das demais pela formação de flores e demais órgãos reprodutivos.

A floração pode ocorrer em poucas semanas após a germinação das sementes em plantas não perenes (monocárpicas), que apresentam um ciclo de vida curto e florescem apenas uma vez na vida, como ocorre em plantas anuais (milho, trigo, soja, feijão). Por outro lado, a floração pode ocorrer muitos anos após a germinação da semente, após a planta completar sua fase juvenil ou período de juvenilidade e estar madura e apta para o florescimento. É o que acontece com diversas espécies arbóreas.

Fases da floração

A transição floral envolve uma sequência de etapas associadas a mudanças profundas nos padrões de morfogênese e diferenciação celular do ápice meristemático caulinar, apical ou lateral, resultando no meristema reprodutivo, suficientemente apto a produzir flores ou inflorescências. Com isso, subdivide-se o processo de floração em três fases: indução, evocação e desenvolvimento floral.

Indução floral

A floração é um processo de difícil controle e manejo na fisiologia vegetal, sendo a indução floral um dos processos fisiológicos mais enigmáticos. Na indução floral, o meristema caulinar se reestrutura para produzir flores ao invés de folhas. Isso é influenciado por fatores ambientais e endógenos. Os principais fatores ambientais que afetam a floração são: luz (efeito do comprimento do dia), temperatura (vernalização) e umidade. Os fatores endógenos que influenciam o processo de floração são: nutrição, hormônios vegetais e açúcares. No decorrer de todas as pesquisas relacionadas à descoberta da determinação da indução floral obtiveram-se várias hipóteses não conclusivas. Acredita-se que há uma série de substâncias promotoras e inibidoras que no momento correto e com as concentrações adequadas são determinantes na indução a floração.

- **Luz**: a luz é um importante fator que afeta a floração. Durante o ano existem variações no comprimento do dia e da noite e, dessa forma, as plantas são classificadas em plantas de dias curtos e de dias longos. Há, ainda, uma classificação intermediária, as plantas de dias curtos-longos, que são plantas que precisam de dias curtos seguidos de dias longos para floração;

O período noturno exerce forte influência na indução à floração, de forma que as plantas de dias longos precisam de noites curtas para floração e, mesmo que o dia não seja longo, as noites curtas são suficientemente indutoras da floração nessas espécies. Como as plantas monitoram o fotoperíodo pelo comprimento da noite e como o centro da reação fotoperiódica está localizado nas folhas, estas sintetizam um estímulo floral (provavelmente um hormônio), que é transportado para o tecido responsivo e ativa genes do florescimento e, a partir daí, se inicia a indução floral.

Os estudos indicam que quando as plantas de dias curtos (noites longas) recebiam lampejos de luz durante o período noturno, a floração era inibida. Se as plantas de dias longos (noites curtas) recebessem tratamentos luminosos mais longos durante o período noturno, elas continuariam a florescer. Isso mostra a importância da duração do período de escuro na floração.

As plantas de dias longos florescem principalmente no verão, e temos como exemplo de espécies de interesse agronômico que florescem na primavera e no verão: o espinafre, algumas batatas, certas variedades de trigo, alface, aveia, cravo e ervilha. As plantas de dias curtos florescem no início da primavera ou do outono. Exemplo de plantas de dias curtos são: soja, girassol, algodão, entre outras. Algumas espécies de interesse agronômico que florescem apenas durante o outono são: crisântemos, café, bico-de-papagaio, morangos e prímulas. Algumas plantas são consideradas indiferentes ou neutras, ou seja, que florescem sem nenhuma relação com o comprimento do dia, tipo milho e tomate.

- **Temperatura (vernalização)**: outro fator ambiental que pode interferir na floração é a temperatura. Devido ao processo denominado de vernalização, as plantas são submetidas a baixas temperaturas, próximas a zero, para que ocorra indução ou aceleração da floração. A vernalização pode estar relacionada também ao fotoperíodo, principalmente aos dias longos. Um exemplo é a vernalização seguida por dias longos induzir a floração em trigo de inverno. Em outros casos, a vernalização de meristemas pode induzir floração mesmo sem a planta receber fotoperíodos indutivos. No geral, as plantas anuais são vernalizadas quando ainda plântulas, enquanto as plantas bianuais são vernalizadas após a primeira estação de crescimento. Dentre as espécies bianuais que precisam passar por um período de frio antes da ocorrência do florescimento estão a beterraba, salsão, repolho e outras formas cultivadas do gênero *Brassica*. Essas plantas apresentam requerimento obrigatório de vernalização, e em regiões com inverno ameno, o repolho, por exemplo, pode crescer por vários anos e não florescer. Existem outras espécies que apresentam requerimento facultativo de frio, ou seja, o florescimento é acelerado pelo frio, mas ocorrerá mesmo em plantas não vernalizadas. Entre essas espécies incluem-se o espinafre, a alface e variedades de ervilha que apresentam florescimento tardio. Do ponto de vista comercial, é bastante conhecida a indução floral por meio de choques térmicos de baixas temperaturas em orquidáceas;
- **Umidade**: a umidade é outro fator ambiental importante, pois o período de seca e o de disponibilidade de água são decisivos para o crescimento e a floração de algumas espécies. Quando o café é submetido ao déficit hídrico associado à aplicação de giberelina, induz a floração mais uniforme. O florescimento da limeira Tahiti ocorre após um período de baixas temperaturas, seguido por uma redução do potencial hídrico do solo. O déficit hídrico induz a produção de flores em mangueiras cv. Kent e contribui com o aumento da produtividade da cultura;

- **Nutrição**: na nutrição a relação entre carbono e nitrogênio pode ser determinante na floração, quanto maior essa relação C/N, maior a indução a floração. Quanto menor a relação C/N, maior o crescimento vegetativo e retardo da floração. Alguns trabalhos, como o relatado por Marin *et al.* (2011), demonstram que o baixo teor de nitrato induz o florescimento por meio de uma nova via de sinalização que atua a jusante, mas interage com as vias de indução florais conhecidas. A adubação adequada de fósforo favorece a indução floral, enquanto a deficiência de fósforo tende a aprazar a floração;
- **Hormônios**: alguns hormônios podem promover a indução e/ou o desenvolvimento floral. As citocininas, como a benziladenina, induz a formação de flores femininas em plantas de pinhão manso e reduz o abortamento de flores em soja. O etileno comprovadamente é capaz de induzir a floração em abacaxizeiro. As aplicações de giberelinas podem substituir os tratamentos de vernalização em alface, cenoura, nabo, mostarda, rabanete e repolho e acelerar o florescimento dessas plantas;

O paclobutrazol é um regulador de crescimento vegetal que tem sido utilizado como indutor de floração em várias espécies pois ele atua reduzindo a biossíntese de giberelinas (Taiz; Zeiger, 2012), favorecendo a floração. As giberelinas parecem ser os hormônios mais ativos na regulação da floração da mangueira. Altos níveis de giberelinas inibem a floração e aumentam o crescimento vegetativo e o declínio dos teores de giberelinas aumenta a floração. A eficiência da indução floral da mangueira por meio do uso de reguladores de crescimento, como o paclobutrazol, depende também de fatores como disponibilidade hídrica (sendo favorecida em condições de clima seco) e nutrição da planta (Ramírez; Davenport, 2010).

- **Açúcares**: acredita-se que os açúcares podem ser determinantes durante o período que antecede a indução floral, pois o meristema apical do caule tem uma alta concentração de sacarose. Isso foi observado em *Arabidopsis thaliana*. Alguns pesquisadores suspeitam que essa planta fotossintetiza mais nesse período e a maior taxa de fotossíntese acarretaria uma disponibilidade maior de sacarose no meristema apical do caule. Devido a essa constatação, um grupo de pesquisadores forneceu sacarose a algumas espécies de plantas, porém não houve sinal de floração, percebendo-se que a sacarose é uma substância importante na indução floral, contudo não é determinante.

Evocação floral

Após o processo de indução floral, segue-se a evocação floral, que é a diferenciação morfológica e funcional de todas as células meristemáticas. Essas células se reorganizam para produzir flores ao invés de folhas, ocorrendo a transição do meristema vegetativo para o meristema floral. Nessa fase da evocação floral, pode ocorrer uma reversão da floração, e a planta não produzir mais flores. Na situação de um período de dia longo e a ocorrência de uma semana de dia curto, a planta que se organizou para florar em dias longos identifica essa mudança e se reestrutura retrocedendo da floração.

Desenvolvimento floral

Havendo a determinação em que a floração deve ser o caminho a ser seguido, ocorre o desenvolvimento floral. Para isso, com o meristema vegetativo determinado para a floração, estabelece-se um novo programa de desenvolvimento que culmina com a expressão floral (início da diferenciação do primórdio floral). A produção de elementos florais se dá em número e posições precisas, formando os verticilos, que são anéis concêntricos em volta do meristema. O desenvolvimento floral é então seguido de polinização e fertilização.

Ritmos circadianos

Todos os organismos presentes no planeta Terra estão submetidos a ciclos diários de dia e noite, os quais influenciam o comportamento desde bactérias a seres humanos. Tais oscilações obedecem a intervalos regulares de aproximadamente 24 horas (cerca de um dia) e são conhecidas como ritmos circadianos. Os ritmos são gerados internamente, mas normalmente necessitam de um sinal ambiental (por exemplo, a exposição à luz ou a mudança de temperatura) para iniciarem sua expressão. Exemplos de ciclos diários nos vegetais estão ligados a uma série de processos biológicos comuns, como a abertura das flores, abertura e fechamento dos estômatos movimentos foliares, fotossíntese, taxa respiratória etc.

O relógio circadiano tem a finalidade de otimizar processos celulares e fisiológicos em antecipação a modificações que acontecem no ambiente. Isso é importante porque, como as plantas são organismos sésseis, elas precisam responder de forma eficaz às diversas condições ambientais a que estão sujeitas, e a troca de ambiente não é uma opção, como no caso de animais. Um exemplo de como essa antecipação metabólica e fisiológica conferida pelo relógio circadiano é vantajosa corresponde ao fenômeno da abertura de estômatos, todos os dias logo no amanhecer. Essa resposta, causada pelo relógio circadiano, tem a vantagem de propiciar a assimilação de carbono logo ao amanhecer (quando a luz se faz disponível). Dessa forma, as primeiras horas da manhã, nas quais a demanda transpiratória é menor, são aproveitadas da forma mais eficiente para a fotossíntese.

A ritmicidade apresenta um período de aproximadamente, mas não exatamente, 24 horas. O ritmo circadiano pode então ser classificado de acordo com a duração do período em ultradiano (mais de um ciclo a cada 24 horas), infradianos (menos de um ciclo a cada 24 horas).

Movimentos em plantas

As plantas são organismos sésseis e, portanto, desprovidas de capacidade de locomoção, diferente do que ocorre com os animais. Desta forma, as plantas precisam maximizar a identificação de sinais para proteção de condições estressantes rotineiras no ambiente, e o movimento de órgãos é um desses importantes mecanismos. Os movimentos podem ser orientados na direção do estímulo (tropismos) ou não orientados em direção ao estímulo (nastismo).

O processo se inicia com a percepção do estímulo, por receptores, provocando uma posterior resposta, por meio de alterações metabólicas. Podemos dividir em três etapas as respostas aos estímulos nos vegetais:

- **Percepção** – inicialmente ocorre a detecção do estímulo externo, a qual pode ser realizada por um pigmento ou por variações no turgor.
- **Transdução** – o estímulo precisa agora ser interpretado para o órgão como um todo. A informação é convertida em sinal passível de identificação pelo sítio de desenvolvimento da resposta. Neste momento são utilizados sinalizadores químicos, por exemplo, alguns hormônios.
- **Resposta** – é caracterizada pela visualização da resposta traduzida externamente a determinado estímulo que ocorreu, por exemplo, a mudança na direção do crescimento do caule em busca da luz.

Tropismo

Tropismos são movimentos de crescimentos por expansão ou divisão celular das plantas em resposta ao estímulo externo (geralmente irreversível). A dependência da direção do estímulo diferencia-os em: tropismo positivo (crescimento em direção ao estímulo) e tropismo negativo (direção contrária ao estímulo). Os mais conhecidos tipos de tropismos são: fototropismo, gravitropismo, hidrotropismo e tigmotropismo.

Fototropismo

O fototropismo estudado por Darwin, Went e outros pesquisadores descreve que caules e folhas possuem o crescimento em direção à luz (fototropismo positivo) e raízes em direção oposta à luz (fototropismo negativo). A ação direta das auxinas produzidas no ápice e translocada de forma polar pelo lado sombreado resulta em maior alongamento dessa região, gerando curvatura do caule na direção da luz. Além disso, sabe-se que a luz de comprimento de onda na banda do vermelho distante intensifica o alongamento do caule.

Um exemplo de fototropismo positivo é observado quando se tem um vaso com planta dentro de uma sala escura. Com o tempo, pode-se notar que a planta cresce em direção a uma janela ou porta aberta, ou seja, em direção a uma fonte de luz.

Os girassóis são famosos por sua capacidade de rastrear o Sol ao longo do dia com orientação leste-oeste no movimento e depois se reorientar à noite para ficar voltados para o leste na manhã seguinte. Isso ocorre por padrões de crescimento diferenciados, com os lados leste dos caules crescendo mais durante o dia e os lados oeste dos caules crescendo mais à noite. Esse processo, denominado heliotropismo, é geralmente considerado uma forma especializada de fototropismo.

Gravitropismo

O gravitropismo corresponde ao crescimento das plantas orientado pela gravidade. Se uma plântula for colocada horizontalmente, sua raiz crescerá para baixo e a parte aérea para cima. Usualmente, as raízes orientam-se positivamente em relação ao estímulo gravidade, permitindo a ancoragem da planta ao solo e facilitando a absorção de água e sais minerais. A parte aérea responde negativamente ao estímulo, tornando possível a captura de energia radiante de forma mais eficiente, importante para a fotossíntese e o controle de outros processos de desenvolvimento.

O gravitropismo também envolve a redistribuição lateral de auxina. As auxinas são os hormônios vegetais com ação direta na iniciação e no desenvolvimento do sistema radicular, pois a raiz é sensível à auxina.

Alguns órgãos, como estolões, rizomas e galhos laterais, crescem em ângulo reto à força da gravidade e são denominados de diagravitrópicos. Órgãos que crescem em ângulos diferentes de 0° ou 90°, como muitas raízes secundárias, são então denominados de plagiogravitrópicos.

Hidrotropismo

Refere-se ao movimento orientado em direção à água. É corriqueiro em raízes que crescem em solo sob restrição hídrica que o sistema radicular se desenvolva em profundidade para alcançar a umidade. Esse movimento é geralmente observado em raízes de plantas lenhosas arbóreas que investem mais fitomassa no crescimento de raízes que estão localizadas em regiões do solo em que é mais fácil a absorção de água.

O crescimento direcional das raízes a ambientes com disponibilidades hídricas favoráveis ao desenvolvimento comprova a percepção da disponibilidade de água pelas plantas, no entanto, não é claro quais elementos participam do hidrotropismo. Outra informação ainda mais intrigante em relação à percepção de raízes a gradientes de disponibilidade hídrica para ajustar a direção do seu movimento é o hidrotropismo acontecer em função de vibrações acústicas do movimento da água. Na pesquisa desenvolvida por Gagliano *et al.* (2017) com ervilha, foi observado que em situações muito críticas de deficiência hídrica, as raízes tendem a direcionar seu crescimento para locais onde há vibrações acústicas produzidas pelo movimento de água.

Tigmotropismo

Trata-se do crescimento em resposta ao toque, correspondendo à tendência que as plantas trepadeiras e as gavinhas têm de, quando em contato com algum suporte, crescerem em sua direção e ao seu redor. Esse movimento também pode ocorrer em raízes de algumas plantas, como em hera (*Hedera helix*), espécie que cresce apoiada em muros, devido à fixação de suas raízes. Outras plantas, por meio de suas gavinhas, tendem a se enrolar ao redor de suportes, como acontece com plantas de uva e maracujá. As auxinas também parecem estar envolvidas nessa resposta. Segundo hipótese, o transporte transversal de auxinas possibilita um maior crescimento da face oposta à região de contato com o suporte.

Nastismos

Nastismos são movimentos vegetais desencadeados por estímulos ambientais, porém não orientados em direção ao estímulo ambiental. Os nastismos podem envolver mudanças elásticas ou plásticas nas paredes celulares dos tecidos em movimento na planta. As mudanças plásticas correspondem ao crescimento diferencial e irreversível e as mudanças elásticas são alterações reversíveis em células especializadas. A frequência desses movimentos aumenta proporcionalmente com o aumento da intensidade dos estímulos. Os principais tipos de nastismos são: epinastismo, termonastismo, nictinastismo, hidronastismo e tigmonastismo.

Epinastia

É o movimento de curvatura de um órgão para baixo causado pelo crescimento maior do lado superior em relação ao inferior. Embora não se trate de uma resposta à gravidade, observa-se em pecíolos e folhas curvadas em relação ao solo por um fluxo desigual de auxina pela parte superior e inferior do pecíolo. As respostas epinásticas são consideradas por alguns autores como um efeito direto do etileno, enquanto outros pesquisadores sugerem que haveria redistribuição e acúmulo de auxina, na parte superior do pecíolo, induzidos por esse gás. Plantas submetidas ao alagamento geralmente apresentam epinastia, como observado em tomateiros. Em condições de alagamento (inundação), ocorre aumento na produção de ACC no sistema radicular, sendo assim, essa substância, quando transportada pelo xilema para a parte aérea, é convertida a etileno resultando em um rápido estabelecimento da epinastia foliar.

A reposta reversa ao epinastismo, o hiponastismo, (isto é, a curvatura de órgão para cima devido a uma maior taxa de crescimento na parte inferior do órgão), ocorre com menos frequência e pode ser induzido por giberelinas.

Termonastismo

É o nastismo acionado pela variação de temperatura. No movimento de abertura e fechamento de flores da espécie tulipa, o aumento de temperatura de 7 °C para 17 °C promove crescimento diferencial da estrutura floral e abertura da flor. A redução da temperatura ocasiona o fechamento da flor. O relógio circadiano exerce forte influência no movimento de flores.

O termonastismo é presenciado também no fechamento dos folíolos de *Mimosa pudica* à medida que a temperatura é reduzida (folíolos completamente abertos com temperaturas em torno de 35 °C, semifechados com temperatura de 12 °C e completamente fechados a 5 °C), assim como a inclinação das folhas de *Rhododendron sp*., decaídas sob baixa temperatura (folhas não decaídas com temperaturas em torno de 35 °C, semidecaídas com temperatura de 12 °C e decaídas a 5 °C). O desencadeamento do movimento foliar depende do turgor diferenciado em células do pulvino ou do pecíolo.

Nictinastismo

É o movimento no qual a folha assume posição noturna diferente da diurna. Durante o dia assume a posição horizontal ou "aberta", facilitando a captação de luz, e durante a noite posiciona-se na vertical ou "fechada". Esse fenômeno pode ser observado em leucena e feijoeiro e pode estar relacionado com a minimização da percepção de eventuais estímulos luminosos noturnos (luz da lua), que podem perturbar a mensuração fotoperiódica necessária para indução floral ou minimizar a perda de calor.

Todos os movimentos nicnásticos ocorrem em função de mudanças reversíveis de turgor nos pulvinos, regiões espessadas observadas nas bases dos pecíolos das folhas ou folíolos que por variações de turgor em células de faces opostas (adaxial e abaxial), permitem dobramento e consequente movimento foliar. Os movimentos nictinásticos ocorrem em resposta às variações de luz e por influência do relógio circadiano.

Hidronastismo

É o movimento de enrolamento das folhas em resposta à deficiência hídrica, muito comum em espécies gramíneas. Esse movimento é importante na minimização da transpiração foliar por reduzir a superfície de exposição ao ar seco e à insolação. Esse movimento é também importante na redução da fotoinibição da fotossíntese causada por alta intensidade luminosa.

O movimento é devido à variação no volume de células presentes na epiderme, conhecidas como células buliformes, que possuem paredes celulares pouco espessas e cutículas finas que perdem água por transpiração mais rapidamente que as células epidérmicas. À medida que a pressão de turgor diminui nas células buliformes, a manutenção da pressão de turgor nas células da face abaxial (inferior) da folha causa o enrolamento ou dobramento foliar.

Tigmonastismo

É o movimento nástico em resposta a estímulos mecânicos. Muitos de nós já tivemos oportunidade de tocar em uma espécie de leguminosa bastante comum conhecida como "sensitiva" ou "dormideira" (*Mimosa pudica* L.), cujas folhas, ao serem tocadas, rapidamente se fecham. Uma peculiaridade importante desse caso é a rapidez de resposta e a capacidade de transmissão do estímulo por meio da planta. Mesmo quando apenas um folíolo é estimulado, ocorre o fechamento de folíolos não estimulados diretamente. O significado adaptativo desse tipo de resposta não é bem conhecido, mas sugere-se que o movimento das folhas espante insetos herbívoros. Além do fechamento das folhas em resposta ao toque, outros estímulos, como a agitação, estímulos elétricos ou extremos de temperatura, fazem com que as folhas e folíolos rapidamente se fechem. Outra proposição é que o fechamento das folhas, em resposta aos ventos de regiões áridas onde muitas dessas plantas habitam, evite perda excessiva de água. Essa resposta é resultado de uma rápida mudança na pressão de turgor de determinadas células do púlvino localizadas na base de cada folíolo ou folha.

A planta carnívora, também conhecida como Vênus papa-moscas (*Dionaea muscipula*), é outro exemplo de tigmonastismo bastante conhecido, ela fecha suas folhas rapidamente (0,5 segundos) quando uma presa toca simultaneamente seus pelos localizados nas folhas (armadilha). Os processos bioquímicos associados ao fechamento da armadilha ainda não foram esclarecidos. No entanto, sabe-se que eles são acompanhados por uma acentuada queda nos níveis de ATP. A resposta ao toque apresentada pelas folhas da papa-moscas é altamente especializada, sendo capaz de distinguir presas vivas de objetos como grãos de areia e pequenos galhos que caem eventualmente nas folhas. O fechamento não ocorre a menos que dois de seus pelos sejam tocados de forma sucessiva ou que um pelo seja tocado ao menos duas vezes. O movimento das folhas da papa-moscas também tem sido explicado como consequência de uma rápida perda de pressão de turgor na epiderme superior das folhas, tornando-as flexíveis, fazendo com que as duas metades da armadilha se curvem para dentro.

Exercícios de fixação

1. Discorra a respeito de três fatores endógenos de indução da floração em plantas cultivadas que podem ser manipulados.
2. Comente a importância da relação N/P na indução da floração de espécies cultivadas.
3. Relacione o déficit hídrico e a baixa temperatura com a indução floral de plantas de lima ácida Tahiti.
4. Qual a importância do ritmo circadiano para as plantas?
5. A baixa temperatura tem incrementado o ciclo das cultivares de soja em determinada região. Comente essa afirmativa.
6. Os dias nublados sucessivos têm incrementado o ciclo das cultivares de soja em determinada região. Comente essa afirmativa.
7. Os meristemas possuem dois tipos de crescimento: o determinado e o indeterminado. Explique-os.
8. O que são meristemas? Quais as funções dos meristemas primários e secundários?
9. Qual a importância ecológica do hidronastismo?
10. Relacione o fototropismo com o crescimento de plantas em sistema consorciado.

Referências

GAGLIANO, M. *et al.* Tuned in: plant roots use sound to locate water. *Oecologia*, [*s. l.*], v. 184, n. 1, p. 151-160, 2017.

MARÍN, I. C. *et al.* Nitrate regulates floral induction in Arabidopsis, acting independently of light, gibberellin and autonomous pathways. *Planta*, [*s. l.*], v. 233, p. 539-552, 2011.

RAMÍREZ, F.; DAVENPORT, T. L. Mango (Mangifera indica L.) flowering physiology. *Scientia Horticulturae*, [*s. l.*], v. 126, p. 65-72, 2010.

TAIZ, L. *et al.* *Fisiologia Vegetal*. 6. ed. Porto Alegre: Artmed, 2017.

CAPÍTULO VIII

CONTROLE DE PLANTAS DANINHAS E BIOHERBICIDAS

Competição se refere à redução no desempenho pela disputa de algum fator de crescimento escasso, dessa forma, é necessário o recurso ser limitado e promover prejuízo no desenvolvimento de ao menos uma espécie vegetal para que o termo "competição" seja pertinente de discussão. No entanto, quando o recurso é abundante e suficiente para todas as plantas, o termo "competição" se torna impertinente. A maior dificuldade a ser manejada quando se está lidando com mais de uma espécie é a competição. É necessário o conhecimento prévio da fisiologia das espécies a serem utilizadas e ao menos um dos materiais precisa possuir razoável plasticidade fenotípica para se ajustar morfofisiologicamente à nova condição reinante de competição por água, luz e nutrientes. Este capítulo visa atiçar a curiosidade do leitor e fornecer-lhe informações pertinentes a respeito da competição pelos fatores de produção e necessidade de ação humana no controle de plantas daninhas. O uso de bioinsumos na agricultura aponta para um caminho racional e sustentável da produção agrícola, inclusive com controle de plantas indesejáveis com uso de produtos naturais denominados bioherbicidas.

Importância das plantas daninhas

Planta daninha é uma espécie que está direta ou indiretamente prejudicando uma determinada atividade humana ou qualquer planta que ocorre onde não é desejada. Dessa forma, o termo "planta daninha" refere-se ao dano que uma planta causa a uma atividade humana. Sendo assim, nenhuma espécie pode ser naturalmente considerada daninha, ou seja, uma espécie vegetal em uma área abandonada não é considerada daninha, pois não há dano a alguma atividade, já que sequer tem atuação humana na área. Dessa forma, algumas plantas podem ser indesejáveis a algumas atividades do tipo:

- Planta indesejável competindo com culturas comerciais;
- Planta invasora em linha férrea;

- Mato em jardins;
- Planta de milho em plantio comercial de soja;
- Plantas tóxicas em pastagens;
- Plantas invasoras em reservatórios de água, usinas hidrelétricas, canais de irrigação;
- Plantas às margens de rodovias prejudicando a visibilidade.

Uma vez que nenhuma planta pode ser considerada daninha se não prejudicar alguma atividade humana, acredita-se que a origem das plantas daninhas coincide com a origem da agricultura. No período Neolítico o homem avançou da vida nômade para a sedentária quando passou a cultivar e a produzir o próprio alimento. Essa produção se deu por meio da agricultura e, dessa forma, a agricultura tem importância na sedentarização do homem. Nesse período de início de estabelecimento humano às margens dos rios, durante o período Neolítico, em torno de 10.000 anos a.C., o homem passou a separar as plantas indesejáveis das desejáveis e, nesse cenário, surgiram as plantas daninhas. Nesse processo, o homem foi substituindo as atividades extrativistas e passou a cultivar em solos férteis, nas proximidades dos Rios Eufrates e Tigre, na Mesopotâmia, e Nilo, no Egito. A primeira técnica de controle de plantas daninhas foi o arranquio manual.

Das mais de 30.000 plantas daninhas monocotiledôneas e dicotiledôneas, cerca de 1.800 são consideradas nocivas e de importância econômica. As plantas daninhas podem causar prejuízo de 100% da produção sem interferência humana e provocar custos de produção entre 15% e 30% quando se utilizam técnicas de controle das espécies indesejáveis. O principal dano proporcionado pelas plantas daninhas se refere à competição por fatores de produção, pois como são plantas altamente competitivas, a extração de recursos como água e nutrientes se dá de forma agressiva. As plantas daninhas também podem ser tóxicas para animais. Outros danos causados por elas são:

- Não certificação de sementes em culturas;
- Menor valor comercial de algumas áreas infestadas por espécies de plantas daninhas;
- Hospedeiros de pragas e doenças – diversas espécies são hospedeiras de nematoides;
- Maior custo com controle de pragas e doenças;

- Uso de mão de obra adicional e oneração do processo de produção;
- Obstrução de equipamentos e canais de irrigação;
- Abrigo para animais peçonhentos;
- Ferimentos em trabalhadores.

Persistência das plantas daninhas

As plantas daninhas representam verdadeiros modelos de persistência em ambientes naturais, pois essas espécies foram, ao longo dos anos, melhoradas pela seleção natural no sentido único da sobrevivência. Esse tipo de melhoramento insere inúmeros atributos nas plantas ao longo das gerações, tornando-as altamente agressivas quanto **à** persistência no ambiente, com elevada capacidade de perpetuação da espécie. Algumas espécies, como *digitaria insularis* (L.) Fedde, *Conyza bonariensis* (L.) Cronquist, *Amaranthus deflexus* L. e outras podem produzir até 200 mil sementes por planta e, mesmo que um baixo percentual seja viável, são necessárias poucas sementes viáveis de uma planta daninha para infestar uma área de plantio.

O tipo de manejo do solo, bem como o trânsito de máquinas, proporciona diferentes implicações no banco de sementes de plantas daninhas no solo. O manejo tradicional do solo com aração e gradagem tende a reduzir o banco de sementes do solo a cada ano. O nível de compactação do solo interfere na disponibilidade de oxigênio e no fluxo de água e compromete a germinação, alterando, dessa forma, a dinâmica de incidência de plantas daninhas. Ao longo da evolução, algumas características adquiridas pelas plantas daninhas incrementaram a persistência no ambiente:

- A presença de órgãos que garantem o armazenamento de reservas torna as plantas competitivas por aumentar a capacidade de sobrevivência em condição de escassez de recursos;
- A alta produção de sementes, como do caruru, que pode produzir até 117.000 sementes/planta, e da buva, que produz até 200.000 sementes/planta, aumenta a persistência das plantas daninhas no ambiente, pois um pequeno percentual de sementes viáveis é suficiente para infestar uma área com plantas daninhas;
- A ampla dispersão das sementes possibilita **à** espécie grande distribuição em diferentes ambientes, principalmente pelo reduzido tamanho de algumas sementes que podem ser dispersas por vento, água, pássaros etc.;

- Manutenção da viabilidade em condições desfavoráveis: *convolvulus arvensis* L. fica viável após 54 meses submersa, mantém a viabilidade se passar no aparelho digestivo de suínos, bovinos, equinos e ovinos e somente não germina se passar em aves;
- É difícil testemunharmos uma planta cultivada apresentar adequada germinação a grandes profundidades, pois é comum qualquer erro na colocação da semente a uma maior produtividade resultar na desuniformidade de germinação. As plantas daninhas têm ampla capacidade de germinar em grandes profundidades: a corda-de--viola germina a 12 cm, o amendoim-bravo a 20 cm;
- Algumas plantas daninhas, como a tiririca, apresentam mecanismos alternativos de reprodução, podendo reproduzir tanto vegetativamente quanto por sementes. Esse tipo de planta daninha requer maior cuidado, pois é de mais difícil controle após determinados estádios de crescimento;
- As plantas daninhas apresentam rápido crescimento inicial e estabelecimento, pois investem parte significativa dos recursos no desenvolvimento do sistema radicular. As plantas daninhas quase sempre levam vantagem competitiva por recursos presentes no solo, como água e nutrientes, pois como investem inicialmente em raiz, estabelecem antes das culturas e têm acesso a maior disponibilidade dos fatores de produção;
- Longevidade de disseminulos – estudos indicam que inúmeras sementes de espécies daninhas ficam viáveis por mais de 50 anos no solo. Alguns relatos apontam que as sementes de *lupinus articus* wats e de erva-formigueira apresentaram viabilidade de 10.000 anos e 600 anos respectivamente;
- A desuniformidade no processo germinativo é resultante do fenômeno da dormência, que representa um potente processo de perpetuação da espécie, pois se todas as sementes germinassem ao mesmo tempo, uma medida eficiente de controle extinguiria a espécie de planta daninha do ambiente, mas a desuniformidade de germinação e a permanência da semente no solo resultariam em importante mecanismo de persistência da planta daninha no ambiente.

Competição a nível de solo: água e nutrientes

Em função da importância nos diversos processos metabólicos, fisiológicos e morfológicos, bem como pela sazonalidade de disponibilidade, a água representa o mais abundante e limitante fator da produção agrícola. A competição por água ocorre em nível de solo, no entanto a umidade da atmosfera interfere decisivamente no crescimento vegetal e na produtividade agrícola. O microclima em torno do dossel de copas densas e/ou em plantas sombreadas altera as trocas gasosas e exerce forte influência no desenvolvimento vegetal.

À medida que a água é exaurida do solo, as plantas precisam lançar mão de estratégias para retirada da pouca água disponível. A diferença no potencial de extração de água do solo existente em variadas espécies determina o maior ou menor acesso à umidade. Em condição de pouca água disponível, torna-se importante a presença de estratégias para absorção e conservação da água nos tecidos vegetais. Dessa forma, a planta, além de absorver, deve conservar a água, reduzindo a perda.

O potencial de extração de água e nutrientes das plantas daninhas é maior que o poder de extração de água e nutrientes de algumas plantas de interesse econômico. Deve-se levar em consideração que ao longo dos anos o melhoramento genético em algumas espécies visou tornar algumas culturas mais produtivas em ambientes adequados, alocando biomassa para a parte aérea em detrimento do sistema radicular, enquanto a estratégia evolutiva das plantas daninhas passou pelo investimento em raiz para maior extração de solução do solo e aumento da capacidade de sobrevivência. Dessa forma, em condição adequada a planta cultivada é produtiva, no entanto, em situação de competição as culturas são mais vulneráveis. O picão-preto (*Bidens pilosa* L.) é capaz de extrair água do solo em tensões três vezes maiores que soja e feijoeiro em função do maior investimento em raiz no desenvolvimento inicial.

É interessante ressaltar que oito em cada dez plantas daninhas em plantios comerciais possuem metabolismo C_4 e, por isso, são bastante competitivas. As plantas C_4 gastam menos água para produzir a mesma biomassa que a planta C_3, simplesmente devido à diferença de afinidade da enzima de carboxilação PEP-case existente nas plantas C_4 em relação à rubisco. A alta afinidade pelo CO_2 permite às plantas C_4 funcionarem com menor abertura estomática e, portanto, perdendo menos água em relação às plantas C_3, em que a enzima de carboxilação é a rubisco, de menor afinidade pelo CO_2. Assim, as plantas C_4 possuem maior eficiência de uso da água.

As plantas C_4 possuem maior potencial competitivo em relação às plantas C_3 quando se trata de nutrientes. As plantas C_3 precisam de mais nitrogênio para realizar a fotossíntese em relação às plantas C_4, isso porque a rubisco é fonte de nitrogênio e a planta C_3 tem mais rubisco por ser a principal enzima da carboxilação. Cerca de 6,5 a 7,5% da biomassa da planta C_3 é constituída de nitrogênio, enquanto nas plantas C_4 o nitrogênio da biomassa fica em torno de 3,5 a 4%. Em uma situação de deficiência de nitrogênio, a planta C_3 sofre danos muito mais severos que a planta C_4. As plantas daninhas possuem elevada eficiência de uso de nutrientes e rapidamente se estabelecem e crescem em ambiente competitivo.

O picão-preto possui eficiência de uso do fósforo três vezes maior que a soja, ou seja, para a mesma quantidade de fósforo extraído do solo por ambas as culturas, o picão-preto produz três vezes mais biomassa. Isso quer dizer que as plantas daninhas apresentam maior eficiência do uso da água e de nutrientes e, portanto, maior potencial competitivo por recursos do solo quando comparadas às culturas. A presença de seis a oito plantas de capim-amargoso por metro quadrado durante o ciclo da soja pode reduzir sua produtividade em até 44%.

Competição sobre o solo: luz

A competição por luz é diferente da que ocorre a nível de solo, pois a luz pode limitar diretamente a atividade fotossintética das plantas. De forma geral, as plantas com maior altura alcançam a luz e sobressaem-se no ambiente competitivo por radiação solar. A diversidade na exigência dos vegetais por luz desencadeia diferentes performances diante da competição por radiação solar. As plantas C_3 possuem menor ponto de compensação e saturação luminoso, pois atingem o máximo de fotossíntese com um terço da intensidade luminosa máxima, enquanto a planta C_4 não satura com as condições de luz da superfície terrestre.

Como a maioria das plantas daninhas de interesse econômico são de metabolismo C_4 e necessitam de mais radiação luminosa para a fotossíntese, a redução do espaçamento limita a disponibilidade de luz e controla as plantas daninhas, porquanto as plantas C_3 têm maior plasticidade quanto à variação da luz, as plantas cultivadas podem nem apresentar redução de produtividade com a variação do espaçamento. Como muitas espécies cultivadas apresentam elevado investimento inicial em crescimento da parte aérea, as espécies comerciais acabam não apresentando desvantagem competitiva tão acentuada em relação às plantas daninhas, no entanto ressalta-se que a maior absorção de água e nutrientes resulta em maior crescimento da parte aérea e, portanto, maior acesso à luz.

O potencial competitivo das plantas daninhas é muito grande, essas plantas são desprovidas de melhoramento genético antrópico, são selecionadas pelo ambiente, tornando-se rústicas e completamente adaptadas às intempéries. Sob déficit hídrico, as plantas da espécie *Euphorbia heterophylla* L. possuem capacidade três vezes maior que a soja na extração de água e fósforo do solo. Em função da elevada capacidade competitiva das plantas daninhas, a presença dessas espécies pode reduzir em 100% a produção das culturas caso não ocorra interferência humana com ações de controle.

O controle de plantas daninhas deve ser um laborioso processo de tomada de decisão com adoção de medidas em curto, médio e longo prazos para uma produção agrícola sustentável sem dependência de um único método de controle. O uso exagerado de herbicidas sem a devida cautela e cuidados na rotação de mecanismos de ação e adoção de outros métodos de forma simultânea tem promovido dependência exacerbada de produtos químicos e promovido poluição do ambiente. É necessário adotar medidas de monitoramento do banco de sementes de plantas daninhas para estudo da possibilidade de grau de infestação e identificação das espécies dominantes, além de planejar um sistema de cultivo que permita inibir a germinação de sementes e ao longo dos anos reduzir as intervenções humanas no controle de plantas daninhas. Para tal, pode utilizar a rotação de culturas e a cobertura do solo com espécies fixadoras de nitrogênio e produtoras de substâncias alelopáticas para inibir a incidência das daninhas previamente identificadas no banco de sementes.

Essas ações geram, no longo prazo, economia pelo menor uso de herbicidas e torna a produção sustentável. Nenhuma das ações apresentadas apontam para a extinção dos herbicidas ou abandono dessa tecnologia, mas apontam para o uso racional dos herbicidas na solução do problema no curto prazo com medidas que nos médio e longo prazos reduzirão a incidência de plantas daninhas. Dessa forma, os herbicidas continuarão sendo utilizados, mas com menor frequência e maior economia.

Alelopatia e bioherbicidas

A identificação das espécies infestantes e aplicação de herbicidas específicos é prática corriqueira na agricultura para obtenção de alta produtividade (Korres; Burgos; Duke, 2019). A utilização de herbicidas para o controle de plantas daninhas gera elevados custos e pode causar riscos à saúde humana e poluir o meio ambiente com prejuízos para a biodiversidade e microbiota do solo (Nieder; Benbi; Reichl, 2018). A redução no uso de herbicidas é um objetivo da agricultura moderna biorracional, que busca alternativas seguras e de baixo custo como o uso de plantas alelopáticas com ação bioherbicida.

O uso de herbicidas sintéticos evita a redução da produtividade agrícola pelo controle de plantas daninhas, no entanto a rotina imprudente de constantes aplicações de repetido princípio ativo, superdosagens e não adoção de outros métodos de controle para um manejo integrado de plantas daninhas tem comprometido os recursos naturais e ocasionado riscos à saúde humana. No cenário atual de segurança alimentar na produção agrícola, busca-se uma agricultura biorracional com uso de substâncias naturais, os bioherbicidas de baixo impacto ambiental.

A preocupação com a saúde humana e preservação de recursos ambientais tem fomentado o desenvolvimento de pesquisas para uso de bioinsumos e técnicas agrícolas menos agressivas e sustentáveis. A utilização de bioherbicidas é uma realidade potencial que alicerça uma produção agrícola biorracional e de menor custo.

A alelopatia representa uma forma de interação positiva ou negativa entre organismos por meio da ação de metabólitos secundários denominadas aleloquímicos, produzidos por plantas e/ou micro-organismos (Arroyo *et al.*, 2018). Um grande número de espécies produz aleloquímicos, no entanto, apenas uma porção limitada desses compostos é estudada. Essas substâncias podem influenciar inúmeros processos nos ecossistemas, como inibição da germinação, estabelecimento e crescimento de plantas vizinhas sensíveis, severidade do ataque de pragas e incidência de doenças, competição, atração de polinizadores, dispersão de sementes e reprodução vegetal (Trezzi *et al.*, 2014).

De maneira geral, esses compostos apresentam vários alvos moleculares e podem afetar os processos de respiração, fotossíntese, atividade enzimática, relações hídricas, abertura de estômatos, divisão e alongamento celular, estrutura e permeabilidade de membranas e parede celular, muitos desses processos ocorrendo em função do estresse oxidativo (Corsato *et al.*, 2016).

Entre os aleloquímicos produzidos pelos vegetais, destaca-se o sorgoleone oriundo de raízes e folhas de sorgo pela razoável eficácia no controle de plantas daninhas (Majumdar *et al.*, 2017). Algumas espécies de interesse econômico, como *Helianthus annuus* L., *Brachiaria brizantha* L. e *Sorghum bicolor* (L.) Moench, têm capacidade de produzir substâncias químicas, as quais são liberadas no ambiente e inibem o crescimento de plantas daninhas e, dessa forma, possuem potencial para serem utilizadas como herbicidas naturais. Por sua reconhecida alelopatia, o sorgo tem sido estudado e utilizado em sistemas de plantio com economia de uso de herbicidas químicos. Isso só é possível devido à produção de sorgoleone exsudado dos tricomas das raízes, que em contato com as plantas daninhas afetam o FSII da fotossíntese (Santos *et al.*, 2012). O sorgoleone extraído do sorgo pode ser um bioherbicida para controlar espécies invasoras de folhas estreitas e largas, essa substância causa lesões em folhas e prejudica a fotossíntese vegetal (Pan *et al.*, 2021; Setyowati *et al.*, 2021).

O sorgo apresenta níveis consideráveis de compostos fenólicos totais e da hidroquinona sorgoleone. O sorgoleone corresponde a cerca de 40% do extrato de raiz e essa é a principal substância responsável pela redução da abundância de plantas daninhas, como *Brassica juncea* (L.) Czern e *Bidens pilosa* L. (Franco *et al.*, 2011; Majumdar *et al.*, 2017).

O sorgoleone é eficaz na supressão da germinação e crescimento de plantas daninhas de folhas largas e constitui potencial substância para manipulação agrícola de controle de plantas daninhas por meio da rotação de culturas e/ou produção de bioherbicidas de baixo impacto ambiental (Uddin *et al.*, 2014). Os extratos foliares e exsudatos de raízes de plantas de sorgo têm reduzido em mais de 50% o crescimento da parte aérea de plantas daninhas e espécies susceptíveis, como a alface e outras hortaliças (Marchi *et al.*, 2008; Gomes *et al.*, 2018).

Apesar do potencial do sorgoleone no controle de plantas daninhas ser uma assertiva conhecida e de consenso na literatura, poucos são os trabalhos científicos a nível de campo ou ambiente de produção. O grupo de pesquisa em Fisiologia da Produção Vegetal da UEG Ipameri tem obtido êxito no desenvolvimento de ensaios em casa de vegetação e campo de produção. Segundo De Melo (2023), o uso de extrato de folhas de sorgo em pulverização nas entrelinhas de soja em campo de produção resulta em menor desenvolvimento das plantas daninhas; em adição, o uso de palhada de sorgo ao invés de palhada de milho no sistema de plantio direto reduz a incidência e densidade de plantas daninhas no plantio de soja.

Em ensaio desenvolvido utilizando extrato foliar de plantas de sorgo, Matos *et al.* (2020) identificaram redução do crescimento de plantas de tiririca, indicando que esse bioherbicida é eficiente no retardo do desenvolvimento de plantas de *Cyperus rotundus* L. Em trabalho desenvolvido no campo utilizando dois tipos de palhadas (milho e sorgo), observou-se que a palhada de sorgo contribui para a redução da densidade de plantas daninhas e comprimento de raiz da planta daninha dominante, ou seja, os aleloquímicos liberados na palhada de sorgo agem como bioherbicidas conforme tabelas 7 e 8.

Tabela 7 – Teste de média para densidade de plantas daninhas, número de espécies, altura da planta daninha dominante e comprimento da raiz da planta dominante em plantio de soja sobre palhada de milho ou sorgo – Ipameri, Goiás, 2024

Tipos de palhadas	Densidade (m²)	Nº espécies	Altura da planta dominante (cm)	Comprimento raiz da planta dominante (cm)
Palhada de milho	106,4a	4,5b	81,6a	10,9a
Palhada de sorgo	84,0b	5,6a	81,6a	8,3b

Fonte: os autores

Tabela 8. Teste de média para altura da planta daninha dominante e comprimento de raiz da planta daninha dominante após tratamento pós emergente com extrato de folhas de sorgo diluído a 75% em plantio de soja sobre palhada de milho ou sorgo – Ipameri, Goiás, 2024.

Controle pós emergente	Altura da planta dominante (cm)	Comprimento da raiz da planta dominante (cm)
Controle	95,6a	10,5a
Extrato de sorgo	66,1b	8,7b

Fonte: os autores

Esses resultados enriquecem a literatura de importantes informações a nível de campo de produção e comprovam a eficiência do extrato e palhada de sorgo como bioherbicida de elevado potencial de controle de plantas daninhas. Estudos posteriores são pertinentes para manipulação do extrato com intuito de incrementar a preservação das características desejáveis do extrato e incrementar a capacidade de controle no produto a ser obtido, bem como isolar os compostos eficientes na ação bioherbicida para confecção de produto comercial.

Exercícios de fixação

1. Qual a importância da agricultura na transição da vida nômade do homem para a sedentária?

2. Por quais motivos as plantas daninhas são competitivas por recursos obtidos no solo?
3. Cite um motivo pelo qual as plantas daninhas são controladas pela redução do espaçamento.
4. Quais estratégias de controle de planta daninha podem ser utilizadas em curto, médio e longo prazos para obtenção de maior rentabilidade e sustentabilidade?
5. Por que as plantas daninhas são persistentes?
6. Discorra a respeito da competição por luz entre plantas daninhas e soja.
7. Toda palhada no sistema de plantio direto é de igual efeito no controle de plantas daninhas?
8. Qual a importância da palhada de sorgo no controle de plantas daninhas?
9. Qual a importância do extrato de sorgo no controle de plantas daninhas?
10. Cite três espécies vegetais cultivadas produtoras de aleloquímicos potenciais no controle de plantas daninhas.

Referências

ARROYO, A. I. *et al.* Evidence for chemical interference effect of an allelopathic plant on neighboring plant species: A field study. *PloS one*, [*s. l.*], v. 13, n. 2, p. 1-19, 2018.

CORSATO, J. M. *et al.* Estresse oxidativo mediado por aleloquímicos e suas implicações na germinação e crescimento inicial de plantas. *Journal of Agronomic Sciences*, [*s. l.*], v. 5, n. especial, p. 136-150, 2016.

FRANCO, F. H. S. *et al.* Quantificação de sorgoleone em extratos e raízes de sorgo sob diferentes períodos de armazenamento. *Planta Daninha*, [*s. l.*], v. 29, p. 953-962, 2011.

GOMES, T. C. *et al.* Ação de extratos de sorgo na germinação de sementes de milho, alface e corda-de-viola (Ipomoea SP.). *Revista Brasileira de Milho e Sorgo*, [*s. l.*], v. 17, n. 1, p. 168-176, 2018.

KORRES, N. E.; BURGOS, N. R.; DUKE, S. O. Sustainable Agriculture and Integrated Weed Management. *In*: KORRES, N. E.; BURGOS, N. R.; DUKE, S. O. (ed.). *Weed Control*: Sustainability, Hazards, and Risks in Cropping Systems Worldwide. Boca Raton: CRC Press, 2019. p. 3-191.

MAJUMDAR, S. *et al.* Interference potential of Sorghum halepense on soil and plant seedling growth. *Plant Soil,* [*s. l.*], v. 418, p. 219-230, 2017.

MARCHI, G. *et al.* Effect of age of a sorghum-sudangrass hybrid on its allelopathic action. *Planta Daninha,* [*s. l.*], v. 26, n. 4, p. 707-716, 2008.

MATOS, F. S. *et al.* Biorational agriculture: herbicidal activity of sorghum extract in control of Cyperus rotundus L. *Magistra,* [*s. l.*], v. 31, p. 675-682, 2020.

MELO, A. C. D. *Atividade herbicida de palhada e extrato de sorgo*. 2023. Dissertação (Mestrado em Produção Vegetal) – Universidade Estadual de Goiás, Ipameri, 2023.

NIEDER, R.; BENBI, D. K.; REICHL, F. X. Associated with Pesticides in Soils. *In*: NIEDER, R.; BENBI, D. K.; REICHL, F. X. *Soil Components and Human Health*. Dordrecht: Springer, 2018. p. 503-573.

PAN, Z. *et al.* In vivo assembly of the sorgoleone biosynthetic pathway and its impact on agroinfiltrated leaves of Nicotiana benthamiana. *New Phytologist,* [*s. l.*], v. 230, p. 683-697, 2021.

SANTOS, I. L. V. L. *et al.* Sorgoleone: benzoquinona lipídica de sorgo com efeitos alelopáticos na agricultura como herbicida. Arquivos do Instituto Biológico, [*s. l.*], v. 79, n. 1, p. 135-144, 2012.

SETYOWATI, N. *et al.* Allelopathic effect of sorghum root extract and its potential use as a bioherbicide. *International Journal of Agricultural Technology,* [*s. l.*], v. 17, n. 6, p. 2317-2332, 2021.

TREZZI, M. M. *et al.* Allelopathy: driving mechanisms governing its activity in agriculture. *Journal of Plant Interactions,* [*s. l.*], v. 11, n. 1, p. 53-60, 2014.

UDDIN, M. R. *et al.* Herbicidal activity of formulated sorgoleone, a natural product of sorghum root exudate. *Pest Management Science,* [*s. l.*], v. 70, p. 252-257, 2014.